产品设计程序与方法

蒋金辰 皮永生 编著

21世纪普通高等学校工业设计专业通用教材

国家一级出版社
全国百佳图书出版单位
西南师范大学出版社
XINAN SHIFAN DAXUE CHUBANSHE

图书在版编目（CIP）数据

产品设计方法与程序／蒋金辰编著．—重庆：西南师范大学出版社，2009.7（2015.1 重印）

21 世纪普通高等学校工业设计专业通用教材

ISBN 978-7-5621-4631-5

Ⅰ. 产… Ⅱ. 蒋… Ⅲ. 产品－设计 Ⅳ. TB472

中国版本图书馆 CIP 数据核字（2009）第 123993 号

丛书策划：李远毅 王正端

21 世纪普通高等学校工业设计专业通用教材

主编：余强　段胜峰

产品设计程序与方法　蒋金辰 皮永生 编著

责任编辑：王石丹　王正端　戴永曦

整体设计：晏　莉　王正端

出版发行：西南师范大学出版社

地址：重庆市北碚区天生路 2 号　　邮编：400715

http://www.xscbs.com　　E-mail:xscbs@swu.edu.cn

电话：(023)68860895　　传真：(023)68208984

经　　销：新华书店

排版制作：北碚点划设计工作室

制　　版：重庆海阔特数码分色彩印有限公司

印　　刷：重庆长虹印务有限公司

开　　本：889mm×1194mm　1/16

印　　张：7.25

字　　数：232 千字

版　　次：2009 年 7 月 第 1 版

印　　次：2015 年 1 月 第 2 次印刷

ISBN 978-7-5621-4631-5

定　　价：45.00 元

序

余强

工业设计是指在现代工业化生产条件下，运用科学技术与艺术方式进行产品设计的一种创造性方法。它是技术、艺术与文化转化为生产力的核心环节，也是现代服务业的重要组成部分。由于工业设计对经济巨大的拉动作用，以及它的创新思维、潜力巨大的高附加值和超越商业价值以外的文化特征，因此被西方许多发达国家提到国策的高度来认识。20世纪初，欧洲国家就曾经出现过第一次工业设计资源的整合，以“德意志制造同盟”为标志，将技术资源与设计资源相结合，来共同解决德国工业产品的质量与设计问题，为现代德国工业的品牌优势奠定了重要基础。20世纪中期，以英国等国政府的设计公共政策为标志，再次将工业设计视为国策，实施行政资源与产业资源的第二次整合，有力地推进了欧洲工业的品牌战略和全球贸易战略。20世纪末，一些国家将社会资源与文化资源相结合，提出跨领域、跨行业的“文化创意产业”，是第三次设计资源整合。这表明，在全球产业发展的进程中，工业设计产业的战略地位和作用日益凸显。

中国作为一个发展中国家，工业设计仍是一门新兴的、亟待发展的学科。据不完全统计，国内有工业设计学科专业方向的艺术院校已达250所，各种主题的工业设计大赛与研讨会越来越频繁，国内外高新技术企业与高校的设计合作也如雨后春笋般迅速发展起来，这充分反映了时代发展对工业设计人才需求的增长和速度的加快。尽管中国工业设计教育的规模堪称世界第一，但我们尚未建立起具有中国特色的工业设计教育模式及各院校的特色模式。有鉴于此，不少设计院系也在教学思想、教学方法、课程设置、教材编写等方面进行了有益的探索和改革：从过去单一的技法和造型训练，转向掌握系统设计思维方法的训练；从只关注美感和设计语义的形态研究转向对生活形态、设计管理、可持续性发展战略和设计哲学方面的研究。在这些教学改革中，都体现出了一种共识，即必须将工业设计作为一种高度综合性的交叉学科来组织教学，从教学的体制、结构改革着手，探索更加综合的教育之路，以此全面提高学生的综合素质。应该说，设计教育在中国产业由计划经济向市场经济转型的过程中，为国家的经济建设和发展提供了大量急需的设计人才，发挥了重要的作用。

这套丛书的编著者是由具有多年工业设计教学和在企业有实际设计经验的教师和学者组成的。编著者在充分研究和总结了我国二十多年的工业设计教育理念和教学经验的基础上，较为广泛地吸收了国外先进的教学内容与方法，并结合教学中的实际情况，有针对性地对工业设计教学的相关知识进行理性的筹划和有序的整合，以期从系统的角度对工业设计主干课程的内涵进行阐释。其中既有工业设计的基础理论，又有专业教学的多样性和可操作性，同时也强调案例教学的启发和引导作用，使其具有前瞻性、系统性、知识性和适用性，在同类教材中彰显自己的特色。

“千里之行始于足下”，我们期待通过本套教材的指导，能使学生尽快完成从理论到实践、从专业到产业的深化过程，从而明确专业学习的目标、途径和方法。本套教材不仅强调相关知识的有机联系，也重视设计过程的连续与完整，尤其是学生所缺乏的实践性环节，包括市场调查与分析、模型制作、工程技术设计、市场推广等，对所学知识需要从系统设计的角度，注重设计过程的连续性和完整性，重视设计程序和方法论，融会贯通，以培养和提高学生多角度分析问题和解决问题的能力。

在经济全球化日趋深入、国际市场竞争日益激烈的情况下，工业设计已成为制造业竞争的核心动力之一。在“中国制造”向“中国设计”转型的过程中，工业设计必将发挥关键性的作用。为了迎接这一历史性的机遇和挑战，工业设计教育必须加快国际化的进程，更加重视设计人才培养和技术创新等关键环节的构建，把设计教育转向创新设计教育，以此不断地提高我国工业设计教育的整体水平。

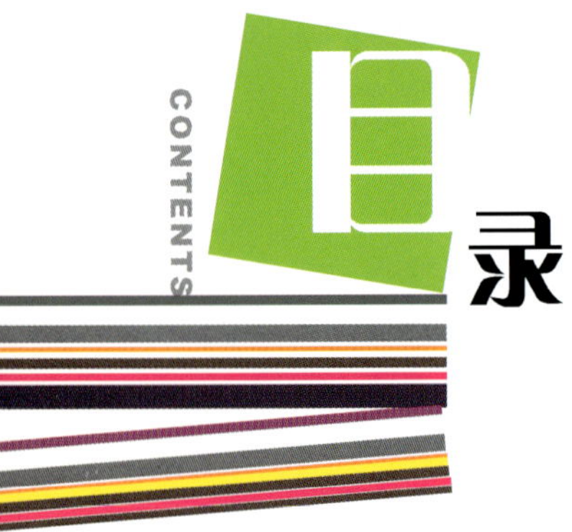
CONTENTS
目录

产品设计不同于科学研究，不需要设计师像工程师那样严格的按照逻辑属性去办事；产品设计也不是纯艺术创造，设计师不能像艺术家一样自由地表现独特的想法和观念。产品设计是带有限制条件的创意活动，理性与感性并存。

自20世纪70年代末以来，产品设计学科随着改革开放在我国得到迅速发展，人们对于设计的认知，在不断发生着转变。最初，产品设计是舶来品，认为它仅是通过艺术造型、装饰为产品获取外观的一种方法，企业中的产品设计师常被称作“美工”。随着市场化的进程，市场竞争为产品设计提出新的要求，设计师开始进行科学技术的产品转化、提高产品品质、提升产品附加值等方面的实践，产品设计开始体现出边缘学科的多元化特征，各大网络论坛展开了“理工生还是艺术生更适合做产品设计？”的争论。进入21世纪，市场环境的变化、消费者价值取向和审美取向的多元化，使影响设计的因素更为复杂，设计师单靠灵感和经验已经不能准确地把握设计的方向，因而市场研究、用户研究等内容在设计流程中变得越来越重要。在设计环节的细分中，理工生和艺术生都能找到适合自己的位置，业界对于设计流程、设计管理的探索取代了前期的争论，设计师开始研究适合中国企业的组织架构、评审机制、产品形象系统的建立等内容。今天，中国产品正在国际市场竞争中树立形象和地位，设计师探索有中国文化特色的设计风格，更多的人开始认识设计、体会设计。

本书论述的是工业设计专业设计课程的第一阶段教学内容，主要是解决设计的一般概念和一般程序与方法。本书共分为四章，第一章设计认知与要求，主要阐述工业设计的基本概念、设计师应具备的基本素质等方面的内容；第二章设计思想及理念，作者从众多设计角度中筛选出系统化设计、市场化设计、人性化设计、可持续化设计四个专题进行论述；第三章设计流程与方法，从认识问题、设计调研、设计构思、概念展开、深入设计、方案评价、模型制作等七个阶段探讨设计的一般程序和常用方法；第四章设计的突破式创新，围绕产品创新，结合用户研究的“构建情境与角色”、“构建观感与趣味”等方法，论述获取突破式创新的方法。

设计没有一成不变的法则，每位设计师、每个设计项目都有自身的特殊性，本书不能面面俱到，只能是介绍一些常规方法，借此希望读者能由此及彼，在不断的设计实践中融会贯通。

作者

2009年5月

第一章 设计认知与要求

第一节 工业设计的基本概念及其作用

一、工业设计的基本概念

设计是一门古老而年轻的学科。当人类的祖先用双手制造出第一件工具时，设计就产生了。产品设计作为人类设计活动的延续和发展，有着悠久的历史渊源；而作为一门独立完整的现代科学，它经历了长期的酝酿阶段，直到上个世纪20年代才正式确立。随着1919年包豪斯（Bauhaus）学院的建立，现代工业设计的基本观念才诞生。包豪斯开始采用现代材料、以批量生产为目的、具有现代主义特征的工业产品设计教育，形成了现代主义的工业产品设计的基本面貌。（图1−1～图1−6）

图1－1　1919年4月1日，德国创立"国立包豪斯设计学校"，这是世界上第一所真正为发展现代设计教育而建立的学院，开创了工业时代设计教育的新纪元。

包豪斯是一所综合性的设计学院。包豪斯的教学谋求所有造型艺术间的交流，其设计课程包括新产品设计、平面设计、展览设计、舞台设计、家具设计、室内设计和建筑设计等，甚至连话剧、音乐等专业都在包豪斯中设置。

包豪斯的原则：

艺术与技术相统一。

设计的目的是人，而不是产品。

设计必须遵循自然和客观的原则来进行。

图1－2　这款扶手椅是格罗披乌斯为在魏玛的校长办公室设计的，它遵循现代主义的几何原理，采用理性、规则的方形，赋予坐椅直白、简洁、功能化的外在形态。

图1－3　布劳耶是现代主义运动早期重要的代表之一，终身致力于平民化的家具设计。这件简洁实用的家具是布劳耶为康定斯基的住宅所设计的，从中可以看出其为产品的标准化做出的努力和探索。

图1－4　华根菲尔德设计的特制精美玻璃制品使他获得了国际声誉。所有这些产品都没有装饰，而是强调简洁的线条和微妙的体型变化，有克制地探索了玻璃的可塑性。

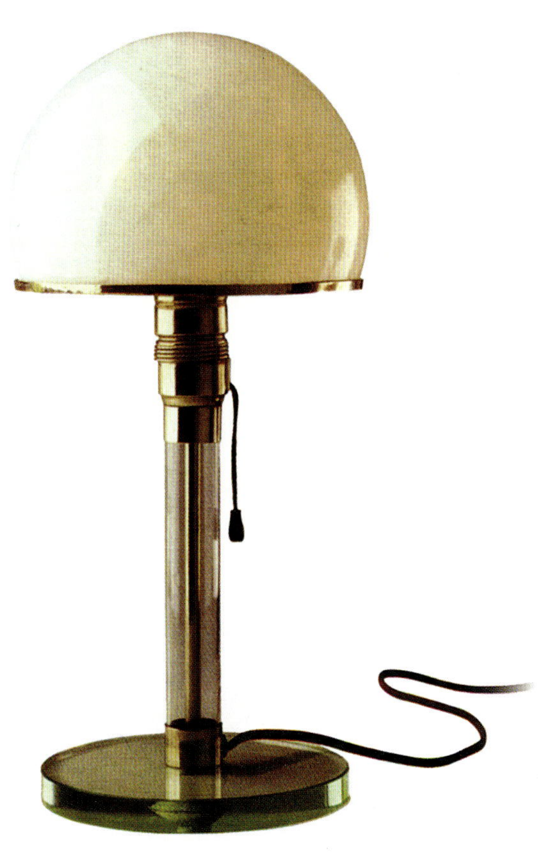

图1－5　华根菲尔德强调设计师在精神、社会和政治上的责任感，并专注于廉价的、功能性的、平民化的产品设计。这件MT8台灯是他在包豪斯时设计的一件著名作品，并进行了批量化的生产。

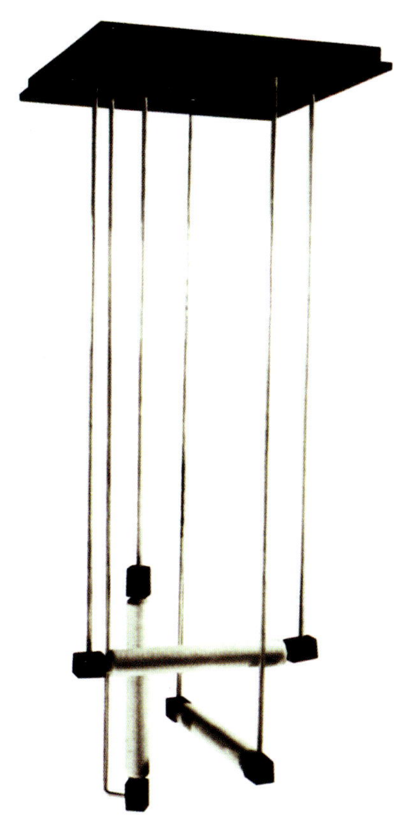

图1－6　这件由里特维尔德设计的吊灯，由标准的灯管及电线构成，灯管被小黑块固定住，然后悬挂起来。其中两支水平，一支垂直，由此创造了一件实用、没有矫饰却极具空间感的灯具。

"包豪斯"的审美观建立在工程和工业技术的基础上，揭示了"以人为本"的设计哲学。同时，它追求以"理性"为基础的设计方法，主张根据创意的法则和客观的制度，构筑合理的客观世界。"包豪斯"的观念引发了国际工业界整个面貌的变革，使现代产品设计走向崭新的世界。第二次世界大战以后，工业经济的复兴使产品设计出现了新的高潮。美国、德国、瑞士、日本发展了一种强调机械效率的产品设计风格，而斯堪的那维亚、英国、意大利则试图从家用产品着手，创造一种既体现稳定和各自成就、又为大众所认同的环境。20世纪50年代，经济的迅速增长使文化消费开始繁荣，对产品的需求逐渐被对风格的追求所取代，设计不再仅仅是提供生活必需品，而且还需要更多的内涵和象征。

1980年，国际工业设计协会联合会（ICSID）在法国巴黎举行的第11次年会上将现代工业设计定义为：就批量生产的工业产品而言，凭借训练、技术知识、经验及视觉感受赋予材料、结构、构造、形态、色彩、表面加工以及装饰以新的品质和规格。根据当时的情况，工业设计师应该在上述工业产品全部侧面或是几个方面进行工作，而且当需要工业设计师对包装、宣传、展示、市场开发等问题的解决付出自己的技术和经验以及视觉评价能力时，这也属于工业设计的范畴。根据这个定义，几乎一切由机械批量生产的产品，以及以“产品为核心”的产品系统都是工业设计师要考虑的范畴，它几乎涉及了所有的“人－物”关系；在其中主要解决“方式问题”（即：人用什么方式来实现其目的），同时协调“人－产品－环境－社会”系统的关系，使其协调。(图1－7)

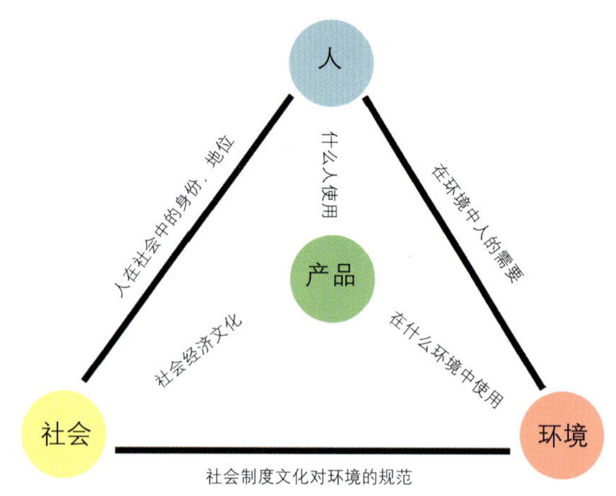

图1－7　从设计的角度弄清楚问题要素之间的关系，就是要弄清楚“人—产品”、“人—环境”、“环境—产品”三者之间在整个社会经济文化规范中的关系，设计的结果是要使之达到和谐。如果一个设计师在此阶段头脑中能产生较为明确的图像，那么往往能够得到一个比较好的解决方案。

图1－8　罗维是美国工业设计的重要奠基人之一，一生从事工业产品设计、包装设计及平面设计（特别是企业形象设计），参与的项目达数千个，所设计的内容极为广泛，代表了第一代美国工业设计师那种无所不为的特点，并取得了惊人的商业效益。

我们可以从美国工业设计大师蒙德·罗维（Raymond Loewy）的设计范围来看工业设计的工作范畴。他是第一位上《生活》周刊封面的设计师，在该刊列举的“形成美国的一百件大事”中，罗维于1929年在纽约开设设计事务所被列为第87件，可见影响之大。他的第一个工业设计作品是1929年为吉斯特纳公司重新设计的速印机。同时他还为“可德斯波特”牌电冰箱提供了一个设计，对销售活动产生了重大影响。罗维在20世纪30年代设计了各种汽车、火车和轮船，影响很大。他也是流线型风格的倡导者，在这一时期所作的大多数设计都带有明显的流线型风格。罗维还设计了可口可乐标志及其零售机、“空军一号”的色彩方案和美国阿波罗登月计划中的宇航员机舱部分的室内布局等。(图1－8)

然而随着社会化分工的深入，设计也在进行着细化，现在的工业设计在业界和教育界基本上被理解为其“核心”的产品设计。不同的人，站在不同的角度对其内涵和外延的理解也不同：

设计就是创新。如果缺少发明，设计就失去价值；如果缺少创造，产品就失去生命。——刘东利（中国香港）

设计是追求新的可能。——武藏野（日本）

设计就是经济效益。——林衍堂（香港理工大学设计系副主任）

工业设计是满足人类物质需求和心理欲望的富于想象力的开发活动。设计不是个人的表现，设计

师的任务不是保持现状，而是设法改变它。——亚瑟．普洛斯（ICSID 前主席）

产品设计是发挥创意并图个方便的造型活动。——杨裕富（中国台湾）

综上所述，我们可以把产品设计认为是将某种计划、规划、设想和解决问题的方法，通过视觉语言传达出来的过程。也就是说我们进行设计的是“事”（某种生活方式、工作方式、休闲方式等），但是我们最终要通过产品的造型将它落实到具体的“物”上。“事”与“物”构成了人类生活方式的全部可见部分，加上不可见的观念、意义、价值、象征等精神层面的东西，就构成了文化。产品设计创造人为的事、物，以及所关涉的意义与价值观念层面。(图 1–9～图 1–16)

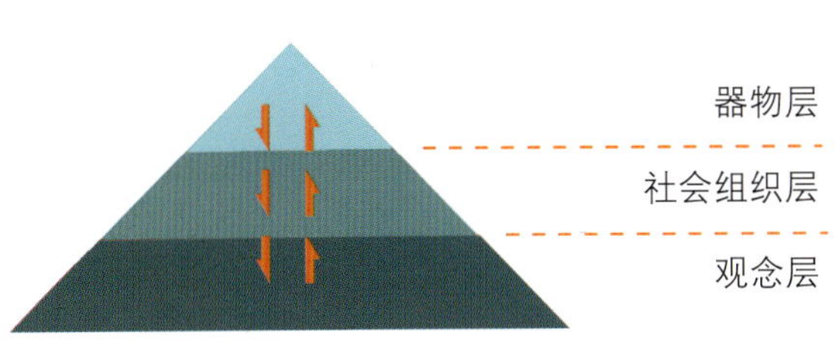

图 1－9

“物”被组织到“事”里，共同实现观念与意义。在“物”的形式里，“事”得以顺利实现，在“事”与“物”的交响中，观念得以显现。“事”与“物”构成了人类生活方式的全部可见部分，加上不可见的观念、意义、价值、象征等精神层面的东西，就构成了文化。设计创造人为的事、物，以及所关涉的意义与价值观念层面。由此我们对于产品设计的理解就不仅仅是一种器物的设计，而且是对各种社会关系以及精神观念的设计。

图 1－10　阿什比受拉斯金、莫里斯的影响建立了“手工艺行会”，并迁至农村，设计和生产体现中世纪生活模式的手工艺品，以逃避工业城市的喧嚣。该图是其设计的银质餐杯和镶银玻璃酒瓶。

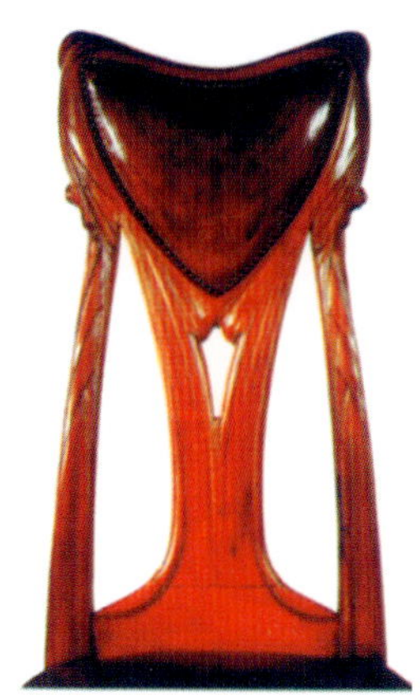

图 1－11　吉马德最有影响力的作品是他为巴黎地铁入口所作的设计。地铁入口的栏杆、灯柱和护栏全部采用了起伏卷曲的植物纹样，熟铁这种新的材料易弯曲又有韧性的特性得到了极佳的体现；同时，在他的家具设计中同样运用了植物形态运动起伏的线条。这些造型语言的运用，无疑体现了设计师师法自然的价值观念。

图1－12　图里特维尔德的红蓝椅真实的描绘了风格派画家蒙德里安绘画作品中的三维效果。它既是一把椅子，也是一件雕塑，它是20世纪艺术与设计史中极富创造性的作品之一，也是抽象艺术精神在产品设计中的一种体现。

图1－13　巴塞罗那椅作为高级坐椅用来和宏伟的建筑相配套，置于银行、办公大楼接待室中，是现代主义设计大师密斯·范德罗的经典作品，作品中深刻体现了"少就是多"的现代主义设计理念。

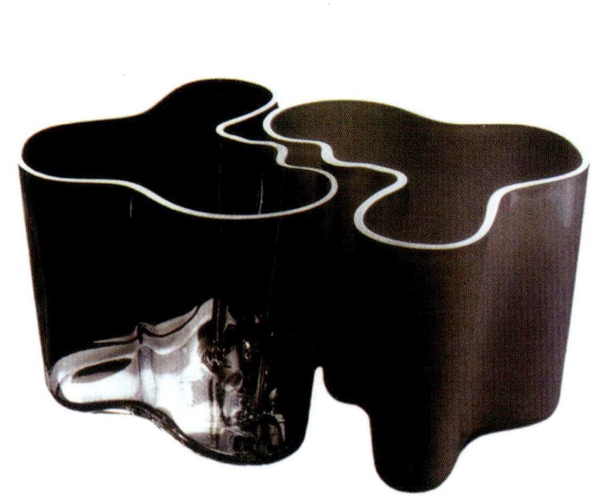

图1－14　著名建筑师阿尔托同样也擅长于玻璃制品设计，其1936年设计的"甘蓝叶"花瓶采用有机形态的造型，创作的灵感来源于其祖国芬兰的湖泊边界线。由于其采用地域特征来唤起广大芬兰民众的广泛认同感和归属感，其作品现在仍在大量生产和使用。

图1－15　作为意大利激进设计的重要人物之一，曼迪尼设计了许多色彩鲜艳、造型独特、极富装饰性与嘲讽意味的作品。他为"阿基米亚工作室"设计的著名的"Proust"扶手椅，采用极富动感的巴洛克造型、点彩排的装饰表面、复杂的雕刻，体现了手工艺、装饰和象征主义的融合，更是对现代主义设计的一种反对。

图1－16　美国设计遵循“形势追随市场”，无所谓设计哲理与原则，唯一要点是促进商业销售。设计对象繁杂，具有集团式的工作习惯、善于与技术人员密切合作，具备娴熟的商业谈判技巧；善于利用外形设计的美学方式来解决功能与技术上的难题，追求形式所带来的商业效果。这些是美国工业设计师的重要特点及其设计哲学。

二、工业设计的作用

当我们纵观产业革命以来高度发展的现代文明的历史时，不难发现高度发展的科学技术在给人类带来巨大贡献的同时，也不断重复着忽视人的缺憾。我们总以为，物质越丰富，人类的生活就越幸福，但历史却给我们留下了众多的教训。正如卓别林在《摩登时代》中所表现的一样，人类没有成为“物质”的主人，反而成了它的奴隶。事实上，我们不仅仅需要物质的富足，还需要精神的愉悦。而产品设计的目的，不仅仅是制作出一个可用的东西（这是对工程设计的要求），也不仅仅是制作出一个可看的东西（这是工艺美术所要达到的），设计的目的是使人们的生活更加便利、高效、舒适和清洁，为人们创造一个美好的生活环境，向人们提供一个新的生活方式。

在这里，产品设计已不仅仅是技术工作，不仅仅是经济活动，不仅仅是艺术创作，而且具有指导和教育大众的职能。概括起来讲，工业设计有以下一些直接作用：

1．设计的创新，能够推进新产品开发和老产品更新，给人们创造出多样化的产品，满足人们物质和精神功能方面的种种要求；同时也提升产品的市场竞争能力、推进产品销售、提高企业的经济效益。

2．设计质量的提高和对产品各部分合理的设计、组织，促使产品与生产更加科学化，从而必将推进企业管理的现代化。

3．工业设计师们将艺术造型融合到实用品之中，使美的观念从画布走向生活，从而起到了在大众中进行审美教育的作用，促进了社会审美意识的普遍提高，对发展人类文明起到了潜移默化的积极作用。(图1－17、图1－18)

看当今世界，那些发达的、经济条件好的国家，无不重视工业设计。20世纪70年代，瑞典国家工业委员会着手组织了一个专门政府机构，系统规划国家的工业设计战略。美国、意大利、日本等国均设立国家元首工业设计顾问、全国性工业设计委员会、工业设计奖及政府的工业设计专职部门。英国前首相撒切尔夫人曾亲自在唐宁街十号的首相官邸主持一个工业设计研究会，研究制定英联邦国家发展工业设计的长期战略与具体政策，以及设计教育的投资问题。

而我国，社会发展有自身的特点。我们在从未经历资本主义社会的情况下就直接进入了现阶段的

农耕时代到工业时代　　工业时代到后工业时代

图1－17　再次强调工业设计的目的，不仅仅是制作出一个可用的东西，也不仅仅是制作出一个可看的东西，设计的目的是为了使人们的生活更加便利、高效、舒适和清洁，为人们创造一个美好的生活环境，向人们提供一个新的生活方式。图中展示了从农耕时代到工业时代再到后工业时代的生活方式的界面，相信每一个工业设计师都能从中勾起一些联想：从界面中我们可以看出生活道具也由简单到复杂再到简约，而后工业时代界面中的小猫是否更加增加了一种情趣化的味道。那么未来到底将是怎样的呢？需要年轻的工业设计师给出自己的答案。

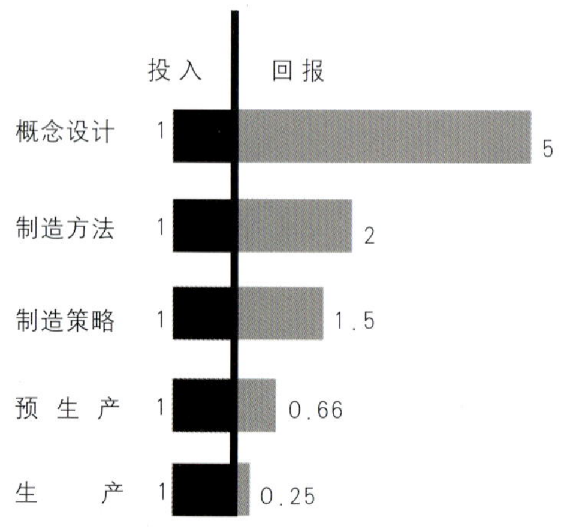

图1－18　创新的设计，能够促使产品开发和更新，提升市场竞争能力、推进产品销售、提高企业的经济效益。从图中我们可以看出概念设计的投入回报率是最高的，创意的好坏往往能够直接影响企业的盈利。工业设计对企业的战略性发展起着至关重要的作用。

图1－19　在北欧五国，设计倾向于手工艺观念和工业设计的一种混合体，这使得北欧的家具、陶瓷、灯具和纺织等工业颇有特色。它们表现出简朴但却制作精良的形状和形式，带有一种温和高雅的几何形态。天然材料和明亮的色彩是中产阶级式的，却又是民主大众化的。

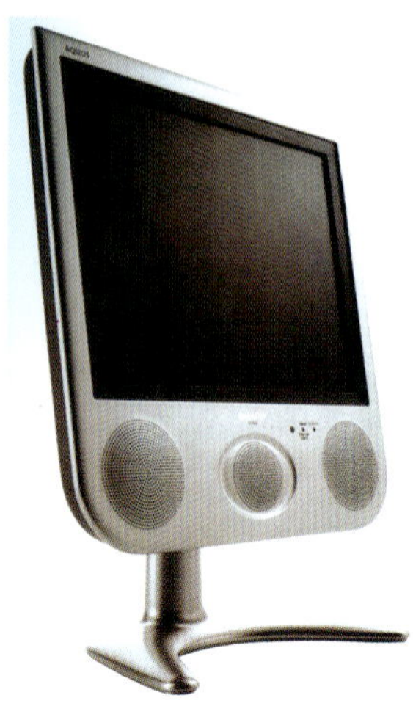

图1－20　日本是一个善于接受外来文化，但又重视文化积累和保留的国家。日本的传统手工艺品深受禅宗风格和城市商人文化风格的影响，严谨和俗丽兼而有之，简朴和雕琢各有其趣。佛教对日本人的生活影响极大，其哲学的思想以美学和道德之间的牢固纽带支撑，至今仍是日本生活、艺术和设计风格基础的重要美学法则：不均齐、简素、孤高、自然、脱俗和静寂。

图1－21　在意大利的各个时期，都会有关乎人们生活的种种设计出现。从20世纪60年代起，意大利开始成为世界的设计中心，"意大利线条"已经成为了设计的典范；而后现代主义在意大利的发展——阿米基亚工作室的建立、"孟菲斯"主义所引起的轰动，以及众多的名家大师，对后世的设计思想产生了深刻的影响，使意大利成为设计的先锋。

有中国特色社会主义社会。此前既没有相当水平的工业化生产，又经历了长期的计划经济，所以工业设计的需求迟迟未造访我国。在改革开放之初，出现的工业设计也不是出于社会的迫切需要，而是基于主观的拿来主义，从西方工业化国家引进的，并首先在教育界开花。

现在对于工业设计作用的认识已不再停留于设计界内部，经过20多年几代中国工业设计人的努力，它的重要性得到了社会的共识，它渐渐的成为企业争夺市场的利器、国家发展经济的法宝、人民提高生活质量的工具。(图1－19～图1－21)

第二节　设计程序与方法的主要内容及其意义

一、设计程序与方法的主要内容

传统的工业设计中，产品设计师从事于产品创意到模型输出的过程，包括产品草图的绘制、方案的评价、效果图以及最后的模型制作，这种强调设计技术性的方法和模式在一定的历史阶段迎合了工业设计发展的需要，但随着工业生产以及产品市场的变化，在产品开发方面已经不再适应工业设计的发展，那种简单地依靠个别设计师的神秘灵感和效果图、模型制作技术的方法，已不能满足企业和社会的要求。我们要让各种创意方法从设计师的心智模式中走出来，让它变为可教可学的指导设计。

设计师应与市场、用户以及产品的生产保持联系和信息交互反馈，从而了解各方面的需求，并将这些信息糅合到产品设计中，使设计更加社会化、人性化、合理化。那么我们在进行设计创意时，就必须按照科学的方法和合理的程序，设计程序和方法从来没有分离过，什么样的方法就会有什么样的程序，而方法又在程序中体现。一般来说设计创意的具体步骤如下：

1.认识——为解决问题，根据认识一般状况或混乱状况，进行问题本身的深入研究。

2.定义——从问题中去掉不必要东西，加上各自的特性，用语言和记号将其明确公式化。

3.准备——集中解决问题的潜在素材，抓住信息全貌。

4.分析——将信息分类，分列其特性，决定对全体问题的策略。

5.综合——将各种特性及构思与现在的问题联系起来，使用可促进联合的技术。联合的过程不是通常的意识性思考的结合，而是在孵化中不断找出解决问题的办法。

6.评价——用各种解决问题的标准，进行选择和决定。为了评价可以用很多的系统。

7.发表——构思的出售，构思或问题的解决，向谁都无法出售的则不能说有价值。

本门《产品设计程序与方法》就是要从以上七个方面深入剖析产品设计的具体实践过程，让同学们对产品设计在理念上和具体方法上，都有一个具体而深入的认识，从而真正进入产品设计的天地，并为后续学习打下良好的基础。

二、学习设计程序与方法的意义

《产品设计程序与方法》作为工业设计专业学生的一门专业主干课程，具有对其他专业课程和专业实践的指导作用，具体意义表现为：

1．指导设计，使设计科学化，让设计过程变得有路可寻。

设计作为一项不断发展的社会活动，具有经验的积累性和实践的创新性。我们不能够单纯依靠设计师的灵感发现去进行创造，也不能单纯依靠数理逻辑去进行推理而得到结果，设计有其自身的规律性，可以遵循一定的设计程序与理论方法。设计程序可以为各部门提供相同的设计规范和流程指导，进行设计的协同和整合。比如：在进行手机等信息产品设计时，首先需要市场部门和设计部门共同进行市场消费的调研和分析，接着根据分析结果进行方案的创意以及方案的策划，然后由工程部门提供参考意见，进行尺寸和造型修改，最后在整个方案保证合理的情况下，投入样机生产。同样，在具体设计阶段中，采用较强针对性的创意方法，如头脑风暴法、设问法、剧本导引法、坐标联想法等，都为科学、合理的设计提供帮助和规范。拥有科学的设计方法和程序，就能保证设计程序的合理和严密，就能使产品设计顺利进行。目前，工业设计领域处于从个体设计向团体设计过渡的阶段，规范、统一、科学的设计程序和方法无疑是取得设计发展成功的重要前提。(图 1–22)

2．连接整个工业设计，使同学们有一个整体的认识以便进一步的专业学习。

本课程给出了工业设计从产品的市场调研到设计方案的最后发表的全过程，使同学们对工业设计有了全面而整体的认识，能够联系以前所学的基础课程，如：效果图表现、模型制作、三大构成、计算机辅助设计等课程；同时，有利于今后进一步的专业课的学习，如：产品色彩设计、产品界面设计、产品系统设计、产品语意设计、产品开发设计等。(图 1–23)

图 1－22　我们知道工业设计不是简单的做出一个造型而已，为造型而造型的工业设计是不存在的，工业设计的造型要依靠材料、加工工艺、表面处理工艺以及部件的装配等将其转换为现实的产品，所以从一开始工业设计师或者提供工业设计服务的机构就应该对这些知识有一个清楚的认识，特别是对于表面处理工艺的认识，这样才能够在产品设计中为产品工艺的实现提供初步的规划，便于组织合理的生产。图中是一部手机的工艺流程图，手机虽小，但是它所涉及的材料、加工工艺、表面处理方法等却相当的复杂。作为年轻的工业设计师一开始就应该敏锐地把握相关的信息，多多地参加实践，参观相应的生产企业。

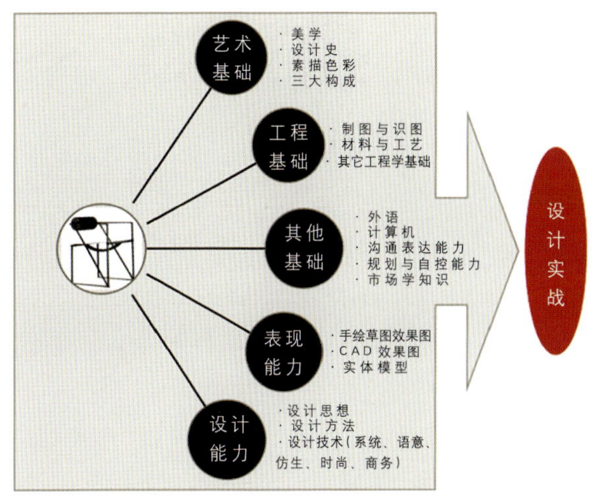

图1－23　图中所示工业设计学科的基本知识由5个部分组成，将它们连接起来就构成了进行设计实战的正式设计程序，每一个部分都在设计程序的各个部分中占据自身的位子，彰显自身的作用，所以本门课程的学习有助于同学们串联整个工业设计，后续学习将更有目标和方向。

图1－24　工业设计从来就是实践性极强的学科，在产品从规划到进入市场的每一个环节中，都需要工业设计会同相关的专业人员对产品做出自己的努力，给出自己的判断，图中显示了在各个阶段对工业设计师能力及素质的要求。

第三节　设计师的基本素质及其工作界面

一、设计师的基本素质

工业设计师的主要工作是解决人与物之间关系的问题，人与物的关系是一个很大的命题，而落实到具体工作就是产品设计，产品设计涉及了众多学科的知识及其应用技术。一个产品从开发策划到设想构思，到大批量生产，再到消费者手中，一般都要经过立项、市场调查、产品创意、结构设计、制造设计、广告宣传、市场营销等许多中间过程。一个产品的几乎所有内涵最终都要通过它的外观造型表现出来，否则人们不能准确地认识它，也就不能发挥它的功能和作用，因而所有工作的重点就是产品创意工作。工业设计师主要从事产品创意，但几乎每一个阶段都需要工业设计师的参与和协调。(图1－24)

一般而言，素质是指人的感觉器官和神经系统的先天特点，主要包括：记忆力、观察力、兴趣、毅力、动力等。要完成上述以产品创意为主的设计开发工作，根据日本《设计新闻》调查，设计师的素质能力应该包括：30% 设计开发的策划能力、25% 造型能力、20% 综合思考能力、12% 组织与协调能力、8% 国际感觉、5% 计算机辅助工业设计的（CAID）操作能力。即使存在某些方面的缺陷也可以通过学习和实践获得不同程度的弥补。作为工业设计师，必须具备的基本素质主要为以下几个方面：

1. 观察与发现问题的能力

人们常说发现问题也就解决了问题的一大半，同样工业设计工作的起点也是观察和发现问题。设计师要善于从不同角度去观察事物，注意别人不太注意的点，只有发现问题，才能提出原有产品的不足和对新产品的需求，从而为设计创造前提和设定目标。观察和发现能力，要求设计师感悟能力要强，正如日本创造学家高桥浩所说："觉察不正常的状况，觉察不调和，觉察缺点不和谐发现性；觉察欲求，觉察变化，觉察时尚课题的发现；觉察关系，觉察内在共同性的洞察力。这说明观察的类型是各异的，是由设计师潜在的感觉性作用以及在搜索不寻常状态以及专心的程序复合而成。他才能搜索出设计问题的关键。"(图1－25、图1－26)

2. 创新的能力和意识

对于一个设计师来说，任何一种先进设备、技术等都是辅助手段，重要和基本的乃是创造性思维的能力和意识。人的思维活动分为扩散性思维和收敛性思维两种。扩散性思维是一种无拘束的、自由奔放式的分散思考，如设计概念，它不受逻辑关系的约束；收敛性思维则是集中的逻辑思维，如科学推理。任何一个创造活动都要经过从分散思维到集中思维，再从集中思维到分散思维的多次循环才能完成。通常在创造活动的前期，主要运用分散思维，找到尽量多的创造性方法以便于进行筛选，以提高设想质量。后期则多用集中思维，综合选取最适合的方法将问题解决。

没有创新就没有发展，社会的发展和科学技术的进步不断改变着人们的生活方式，影响着人们的价值观和审美观，因此具有独创性的产品总是比老的产品更能够吸引消费者的注意力。但是需要注意

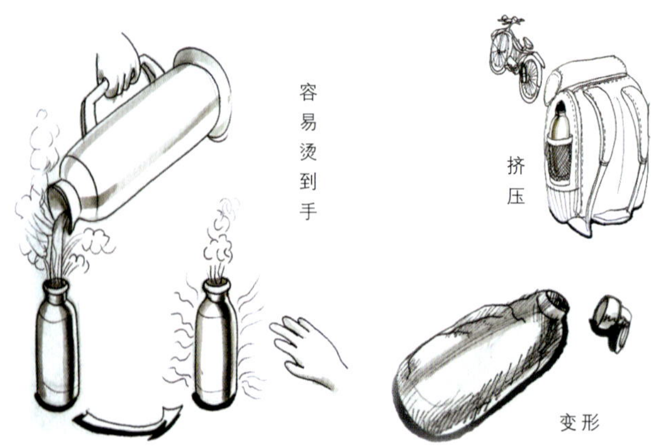

图1－25　发现问题对于设计创意而言，是非常的重要，一个好的创意往往是一个问题的巧妙的解决方法，而发现了问题就相当于找到了设计的突破口。对于刚刚进入工业设计行业的年轻的设计师们这方面能力的培养非常重要，在本门课程的教学中，我们往往给出16课时的时间让同学们去发现问题、记录问题和提出问题，逐步的养成观察生活的习惯，培养设计师有别于其他人的敏锐的观察能力和判断能力。图中所示为重庆工商大学设计艺术学院05工业班江欣同学的课程作业，他对铝制运动水壶提出了如下的看法：1．以铝为材料，仅适合冲灌低温饮料，如果冲灌高温饮料就会导致表面温度过高，无法使用；2．运动水壶的材料应该具有高强度高韧性的特点，而铝金属容易变形，会缩短此产品的使用寿命。

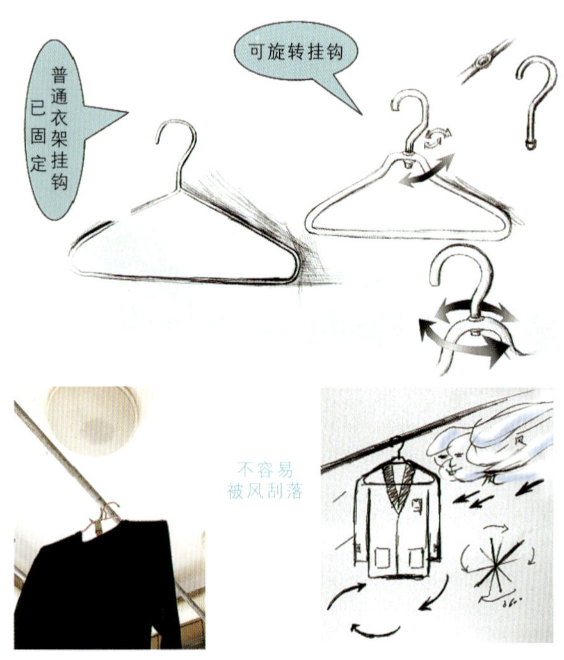

图1－26　图中是重庆工商大学设计艺术学院05工业班陈单一同学的课程作业，对于生活细节的观察，他发现当今衣服架的不足，同时图解化了简单的改良方法，这样的积累相当有益，每天小小的积累有可能在日后同学们的大创意中发挥作用。

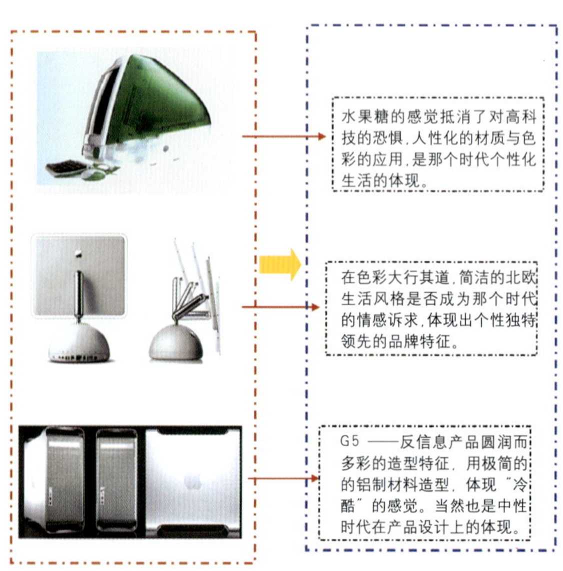

图1－27　作为IT产品设计潮流的领导者之一，苹果公司的每一次风格转换都体现了其强烈的创新能力和创新意识，将IT产品的一贯的高科技语意特征转换为人情味极浓的彩色透明的情趣化特征，进而是简约的有机现代风格，再到中性化的冷酷感觉，每一次都唤起了人们内心深处的情感需求，从而引导了设计的风潮。

的是创新并不意味着盲目的标新立异，创新应以人们的需求为前提，同时受到材料、工艺、文化习俗等因素的影响。

在今天的企业市场竞争中，价格竞争空间已经非常有限（多数商品已进入微利时代），为了保证竞争优势，就必须在你的产品和竞争产品之间创造不同，形成变异；它们需要工业设计提供创新，但要有度，不可脱离主流。许多公司不敢冒险去投资变异较大的新设计，这一现实性问题也需要工业设计师创造性的解决。(图 1–27)

3．整合现有资源做好设计的团队精神

一个产品从市场调研、设计定位、外观设计、结构设计到生产，是一个十分复杂的过程，在这过程中要与市场部门、工程部门、管理层不断的交流，设计师要善于利用各种有利的信息和资源来调整和完善本部门的设计。同时，在交流中由于各自所在的立场不同，问题和矛盾的产生在所难免，在这时候工业设计师必须站在全局的观点考虑问题，与工程、市场、管理等多方面的人员团结合作，以使设计达到预期的目标。

二、设计师的工作界面

作为专业的工业设计师，必须具备相应的工作环境和工具。设计师通过表达头脑中的构思并进行设计研究与分析，完成整个设计。通常设计师的工作包括两个场所：设计工作室和模型工作室。

1．设计工作室

设计工作室按使用功能分为独立的设计空间、方案交流空间和资料存放空间，设计师在其中进行方案的创作，主要经历从草图的绘制、方案的交流和修正直到方案的最后表现。其中在绘制草图中主要使用的工具有铅笔、签字笔、马克笔以及色粉等。在交流方案时需要一个聚集大家的空间和方案的展示区域。在进行方案的计算机表现的时候需要电脑及其软件，在方案的2D表现中常用的软件有：Photoshop，CorelDraw，Illustrator等；3D 表现中常用的软件有：Rhino，Cinema 4D，3D max 等；工程表现中常用的软件有：Alias，Pr–E，Solid–work，Auto CAD 等。

这里要强调的是：随着现代技术的发展，许多同学越来越醉心于电脑表现技术的提高而忽略手绘能力的重要性。但是，设计徒手草图实际上是一种图解思维的设计方式。在一个设计的前期，尤其是方案设计的开始阶段，最初的设计意象是模糊的、不确定的，而设计的过程也是对设计条件的不断“协调”，图解思维的方式即把设计过程中的有机的、偶发的灵感及对设计条件的“协调”过程，通过可视的图形将设计思考和思维意象记录下来。“这样一些绘画式的再现，是

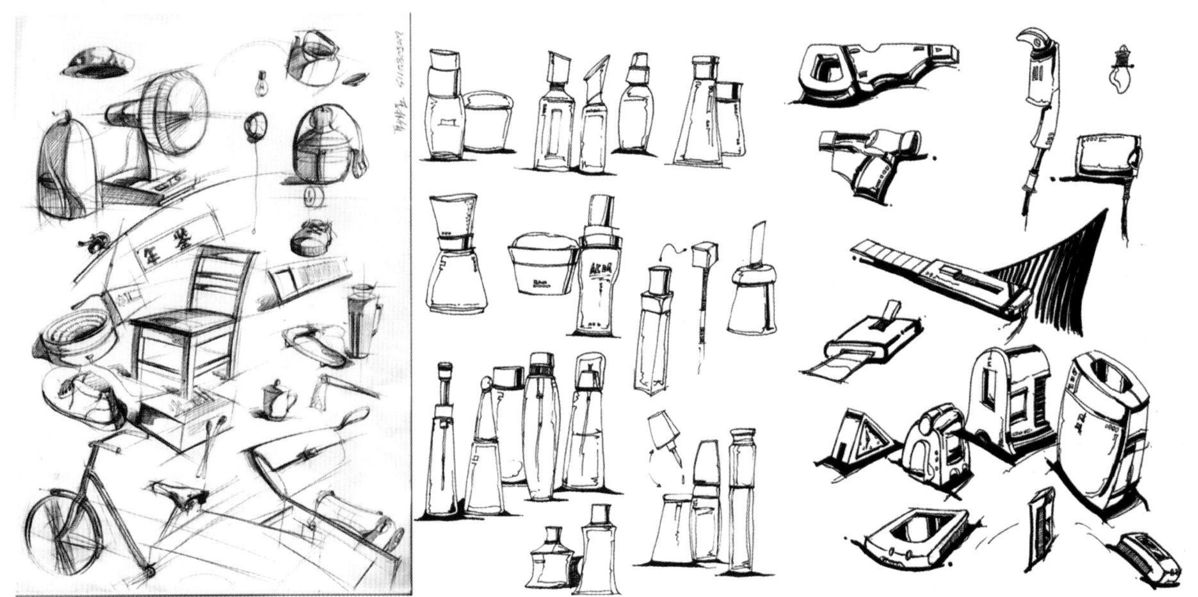

图1–28　头、手、眼脑三者的协调，对于设计师而言是非常重要的，是将创意思想进行表达的基础。在大一进入学校之后就要求进行这方面的练习，图中是重庆工商大学07级工业设计专业学生所作的日常练习，这样的练习在大一阶段往往需要进行500张左右，才能很好地为后续的设计课程和设计工作打下良好的基础。

图1–29 便携式投影仪的折叠方式与造型之间的关系的研究。重庆工商大学设计艺术学院04工业班何祥超设计（指导教师：皮永生）

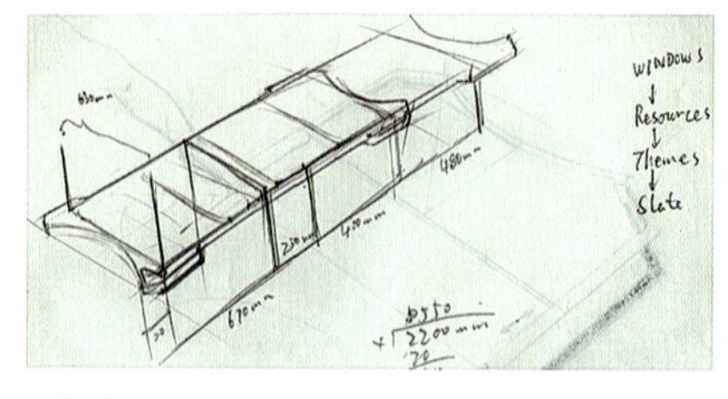

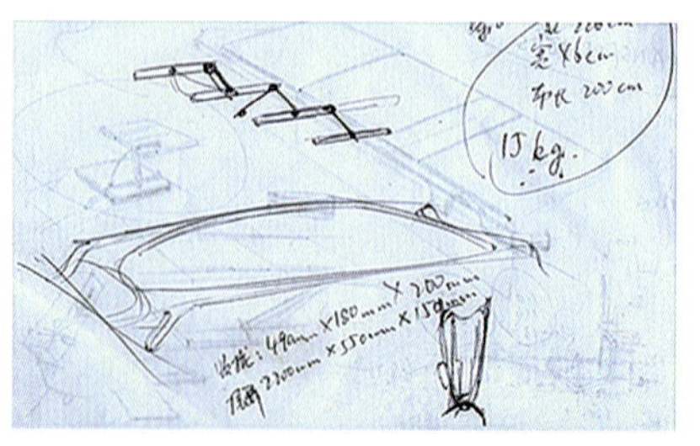

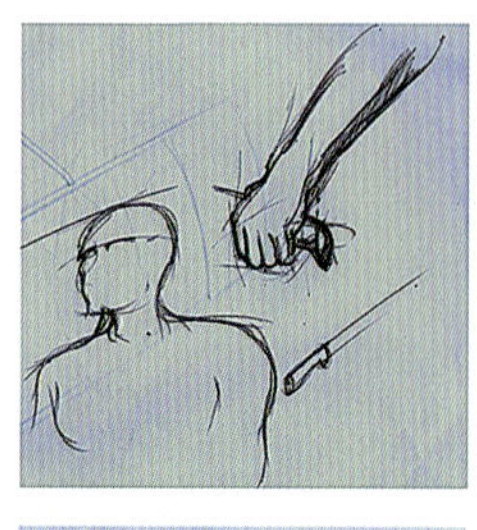

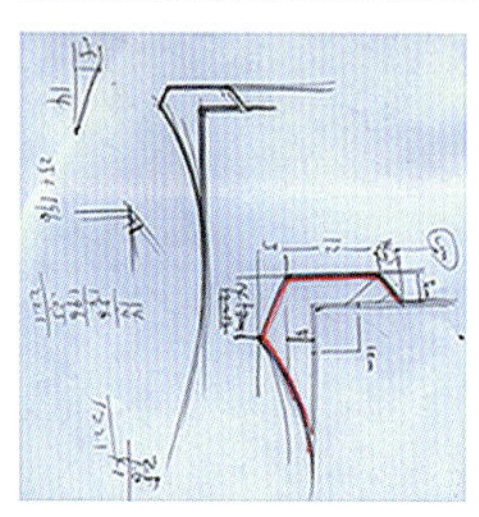

图1–30 图中是对军用担架的各个方面的设计要求进行图解思考，并在头脑中形成的基本轮廓。

图1－31　在初步轮廓的基础上进一步细化，图解探索造型进一步深入的可能性。

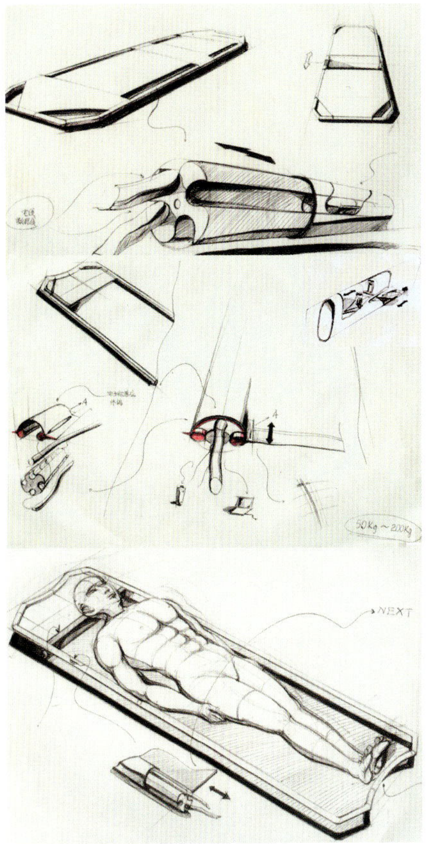

图1－32　在上述基础上，进行进一步的图解思考，直到细节和产品整体形象的完成。重庆工商大学设计艺术学院05工业班李林植设计（指导教师：皮永生）

抽象思维活动的适宜的工具，因而能把它们代表的那些思维活动的某些方面展示出来”(鲁道夫·阿恩海姆语)。而作为电脑，其具有精确数据概念的特点——点、线、面、形体在屏幕上的明确和肯定的显示，扼杀了方案构思设计阶段设计思维的模糊性和随机性，也不符合设计初始阶段的设计思维方式及其设计的表达。(图1–28)

著名美学家鲁道夫·阿恩海姆在其《视觉思维——审美直觉心理学》中也阐述道：“视觉乃是思维的一种最基本的工具”，“艺术乃是一种视觉形式，而视觉形式又是创造思维的主要媒介”。视觉的思维功能帮助我们通过图解进行思维、进行创造。在发现、分析问题和解决问题的同时，头脑里的思维通过手的勾勒，使图形跃然纸上，而所勾勒的形象通过眼睛的观察又被反馈到大脑，刺激大脑作进一步的思考、判断和综合，如此循环往复，最初的设计构思也随之愈发深入、完善。(图1–29～图1–32)

2. 模型工作室

尽管手绘或是电脑可以表现出设计的立体效果，不管你技术如何高超，立体效果如何好，但是纸面上的东西与实体模型给人的感受还是有诸多的不同。为了深入研究设计的好坏，必须做成实体模型，以便完善细节直到具有完全功能的产品样机。其中我们需要：木工工具、钳工工具、车床、铣床、干燥箱以及快速成型机等。

设计工作室与模型工作室提供了工业设计师的两个重要工作界面，产品设计的大部分工作都是在其中进行的，而通过设计的产品，工业设计师能解决自己所发现的问题，能创造新的生活方式和工作方式，达到改造世界、发展文化和凝结文明的目的。(图1–33)

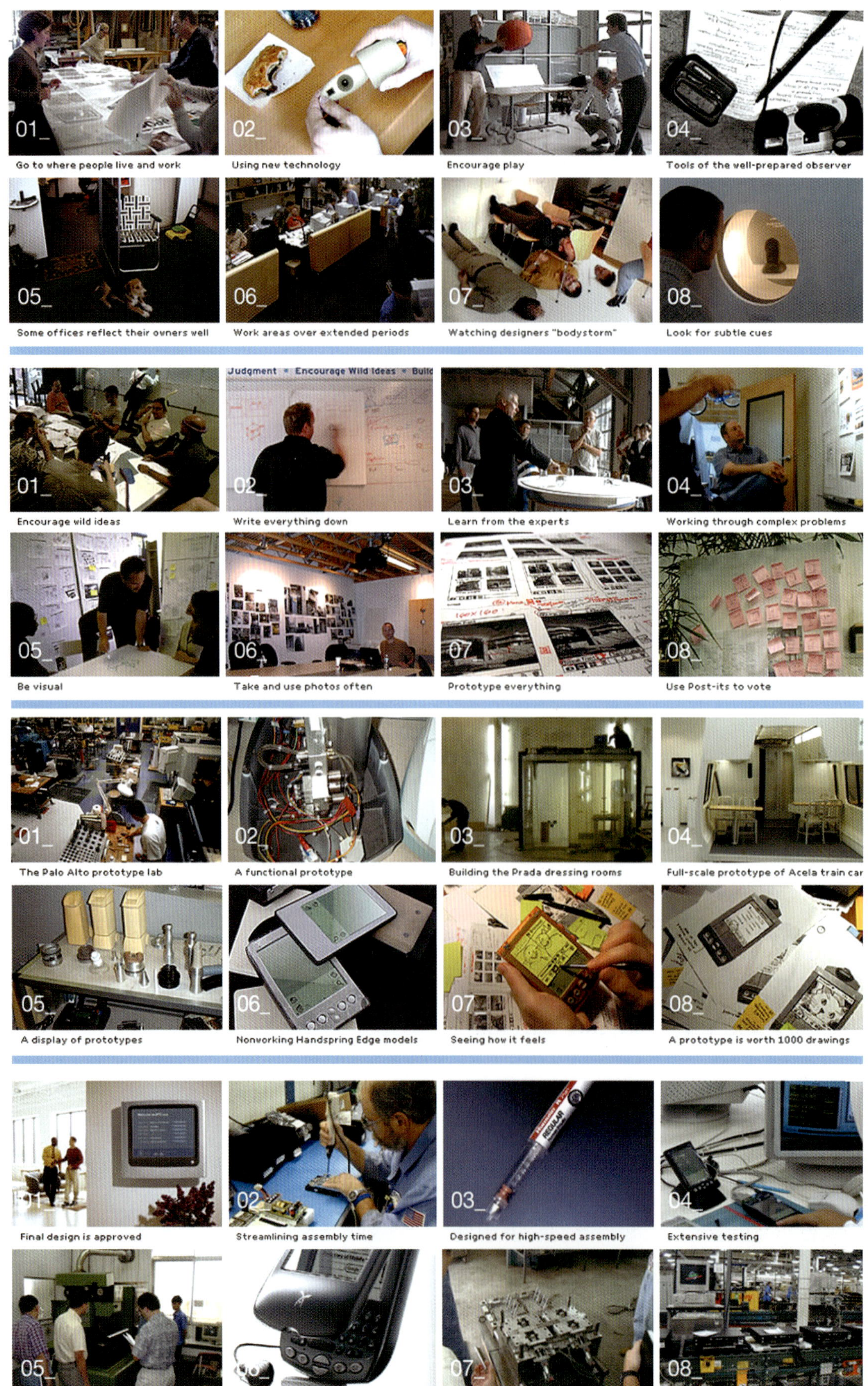

图1－33　从创意到首版样机的制作全过程中工业设计师的工作界面面

第二章 设计思想及理念

第一节 系统化设计

设计是革新，是创造。在人类社会文明发展史中，充满了一次又一次的革新和创造。很多时候，人类总是先有某种需要，而后产生一种怎样才能满足这种需要的思想，最后经过百折不回的努力将其变成现实。随着人类社会的进步，人的需求始终应变于时代，为了适应来自于文化、人性、生态、社会、经济等多层面的影响，产品设计被纳入一个系统中，应对人类文明的发展与变化。系统论被当作当今高度发展的工业时代的先决条件，系统思维可以让错综复杂的工业生产过程一目了然，系统设计可以让产品满足复杂的综合性需求。（图 2–1、图 2–2）

图 2–1　折纸碟盘　Orikaso

分解设计

1. 先从两个方向依折线折起
2. 折起来后会和另一边成三角形重叠
3. 然后把两边的突出部分塞进重叠的缝隙里以固定形状
4. 重复上述动作固定另外两边直至碗形建立

图 2–2　折纸碟盘　Orikaso

一、什么是系统设计

系统设计的基本概念以系统思维为基础，目的在于给予纷乱的世界以秩序，将客观物体置于相互影响和相互制约的关系之中。设计中的系统由许多单元组成，这些单元聚合在一起可组成一个整体。

1. 系统论

系统的存在是客观事实，但人类对系统的认识却经历了漫长的岁月，经历了从简单系统研究到复杂系统研究的跨越，到20世纪20年代前后，逐渐形成一般系统论。系统思想是一般系统论的认识基础，是对系统的本质属性（包括整体性、关联性、层次性、统一性）的根本认识。系统思想的核心问题是如何根据系统的本质属性使系统最优化。

(1)整体性　系统是由若干要素构成的有机整体，系统的整体性能可以大于各要素的性能之和。任何内部要素发生变化，必然影响整体的特性。

(2)关联性　关联性是指系统与其子系统之间、系统内部各子系统之间和系统与环境之间的相互作用、相互依存和相互关系。

(3)层次性　一个系统总是由若干子系统组成的，该系统本身又可看做是更大的系统的一个子系统，这就构成了系统的层次性。

(4)统一性　系统论承认客观物质运动的层次性和各不同层次上系统运动的特殊性，这主要表现在不同层次上系统运动规律的统一性。

系统论的主要观点：应将研究对象放在系统中加以研究和认识。(图 2—3)

图 2—3　有无限发展可能的酒架　Ron　Arad

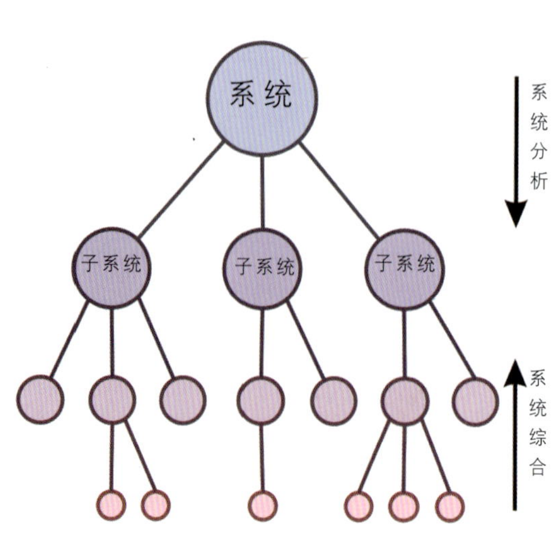

图 2—4　系统分析和系统综合的示意图

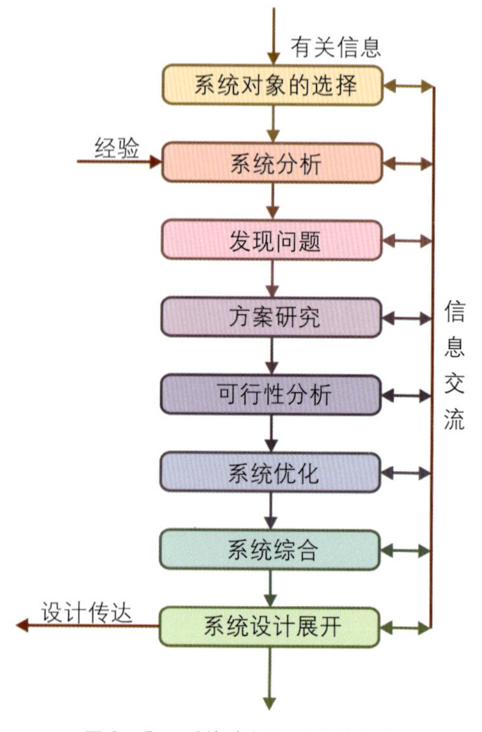

图 2—5　系统分析和系统综合的程序

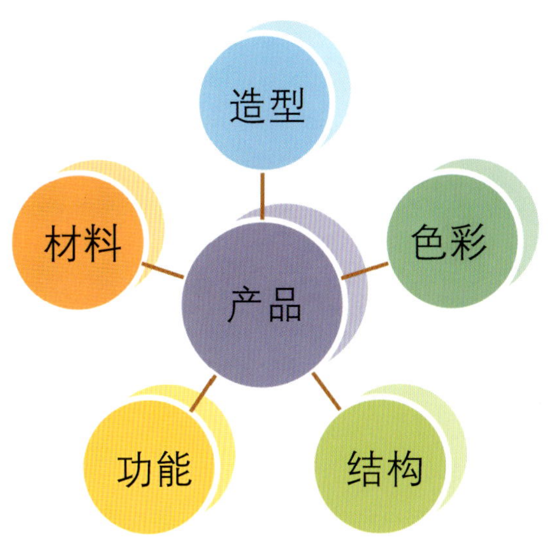

图 2－6　产品系统示意图

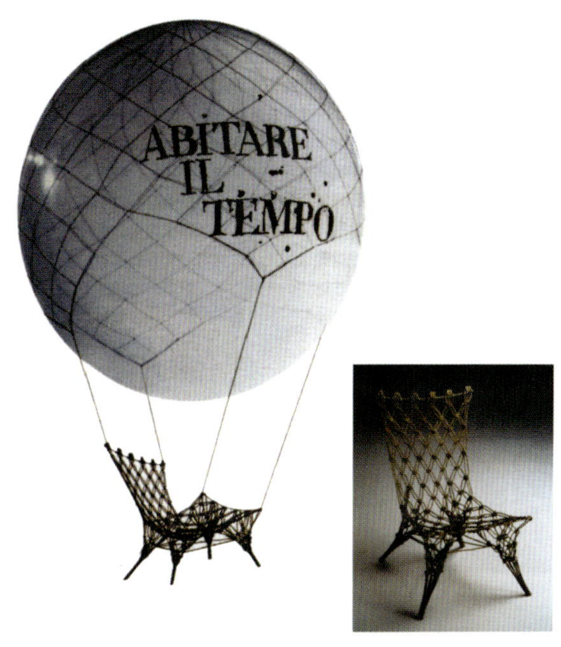

图 2–7 Knotted 结绳椅 Marcel Wanders

2．系统论方法

系统分析和系统综合，是系统论的基本方法。系统分析就是为使设计问题的构成要素和有关因素能够清晰地显现而对系统的结构和层次关系进行分解，从而明确系统的特点，取得必要的设计信息和线索。一个大的系统可以由若干小系统构成，这些小的系统称为子系统。子系统又可由它所属的更小的子系统组成。系统本身也可以作为更大系统的组成部分。（图 2–4）

系统综合是根据系统分析的结果，经评价、整理、改善后，决定事物的构成和特点，确定设计对象的基本方面。此时应尽可能制定出多种综合方案，并按一定的标准和方法加以评价，选出最佳的方案。

系统设计时，对其直接对象（如产品外观、功能等）和影响它的外部环境（企业定位、用户需求等）同时进行考虑，前者称为内部系统，后者称为外部系统。内部系统与外部系统之间存在着一定的联系，相互间有作用和影响。内部系统与外部系统相结合是系统设计的特点，它可以使系统设计尽量做到周密、合理，少走弯路，以尽可能少的投资获取尽可能大的效益。

系统设计不应只是关心系统各组成部分的工作状态和性能，这是由于系统各组成部分的性质并不能代表整个系统的性质，整个系统的性质也不是它们的简单叠加。系统设计必须考虑整个系统的运行状态和性能，系统设计的侧重点是系统作为一个整体所表现出的性能和运行状态。（图 2–5）

3．产品系统概念

系统概念应用于工业设计后，设计对象不再是孤立的个体，而是构成系统的因素之一。功能设计不再局限于单一的设计对象，而是考虑它与其他系统因素之间的关系，考虑在系统环境中人的整体需要，在这样的大前提下，产品系统概念应运而生。设计开始既考虑设计对象自身各组成元素所构成的基础系统，即功能、造型、材料、结构、色彩之间的相互关系以及它们各自与它们所组成的统一体的关系，同时又将设计对象组成的统一体作为子元素放在经济、社会、技术等方面构成的宏观系统中去考虑，从而更好的达到设计的目的。（图 2–6、图 2–7）

从系统概念出发，在设计中考虑产品的系列化。如果把一件产品看做是一个包含着若干要素的系统的话，那么系列产品就可以被看作是一个多极系统；如果把系列产品看作是一个系统的话，那么其中一件产品就是一个相对于系统的要素。通过产品系列化设计，企业研制出一系列标准化设计或模块化组件，标准组件的不同组合方式形成不同规格和功能的产品，构成了一个系列，单元组件之间可以替换，便于更新和维修，达到了以尽可能少的生产投入，生产出丰富的系列产品。这样的设计能使生产成本、物流费用、维护和修理费降到最低。

二、系统设计的发展

20世纪20年代后，系统概念真正作为一个科学概念进入各种科学领域。20世纪40年代，美国在工程设计中应用到了这一概念，20世纪50年代后，系统概念的科学内涵逐步明确。

20世纪60年代，工业设计领域的系统概念在德国结出了硕果。汉斯·古格洛特（Hans Gugelot）将系统设计应用到产品设计上，为布劳恩（braun）公司推出了积木式系列留声机，然后他与迪特尔·拉姆斯(Dieter Rams)又对其进行了进一步的研制，从而成为生产积木式系列留声机和以后的高保真音响系列设备的开端者。产品在系统体系中产生出新的功能，如可叠性等，因此，直角形态就成为这种设计方法的基础。布劳恩的家用电器在基于几何形态、单色系和尽量避免不必要的装饰的原则下被设计成为一种独特的样式。古格洛特成为现代主义提倡的“形式追随功能”的拥护者。在古格洛特的SK唱碟机之前，家电还是木纹雕花的外壳，在他领导的乌尔姆工业设计系与拉姆斯领导的布劳恩设计团队合作下，随着布劳恩设计系统的建立，现代主义设计终于在工业界得到广泛的认可。（图2–8）

图 2–8 “白雪公主棺”SK4唱机 Hans Gugelot &Dieter Rams 1956年

随着时间的推移，“优质工作”成为德国设计工作的口号，20世纪70年代以来重新成为提高德国出口的手段，在企业及设计师的努力下，“德国制造”成为耐用的、高品质的、值得信赖的、可靠的产品的代名词。（图2–9）

20世纪70年代，几乎所有生产影音类产品的公司都采用了积木式设计体系。系统设计具有组合性能，可以根据需要随意进行不同的组装，同时满足办公和居住的各种不同需要。系统设计对于建筑领域、产品设计领域以及视觉传达设计领域产生了重要影响，启发并直接导致了从60年代开始兴起、70年代受到重视、80年代普及的企业整体形象设计。（图2–10）

三、系统设计的应用

1. 系统化的设计观

当前市场环境的变化，消费者价值取向和审美取向的多元化，使影响设计的因素更为复杂，设计师单靠灵感和经验已经不能准确地把握设计的方向。借助于系统化的设计观，设计师可以较为全面和准确地把握设计对象和设计目标，可以提高产品设计开发的质量和效率。

系统化的设计观，其核心是把产品设计的设计对象以及产品设计过程中的相关环节视为系统，然后用系统论的分析方法加以处理和解决。

图2–9 Braun可调换网罩震动式剃须刀

图2–10 “s2000型CD、功放 YAMAHA 2007年”

如"人－产品－环境"系统中各个要素、产品的各项功能、产品的形态特征、设计的程序和管理等。

在对产品设计的认识中，系统化设计观认为产品设计的研究对象是由"人－产品－环境"三个要素构成的系统，人、产品、环境是构成这个系统的三大要素。人、产品、环境又构成了各自的系统，有自己的组成部分。"人"是产品的使用者，即用户。受不同教育背景、生活习惯等方面的影响，用户被划分为很多目标用户群，不同的人群划分构成"人"这个系统；"产品"通过形态塑造，借助材料技术手段，实现用户的功能需求，形态、材料技术和功能就构成了"机"的基础系统；"环境"具有丰富的内涵，包括产品的使用环境、用户的生活环境、文化背景、流行的趋势等多个方面，它们共同构成"环境"系统。所以，以系统观点来考虑"人－产品－环境"系统时，必须从系统的整体出发，去分析各个系统的性能及相互关系，再通过对各多层级子系统的相互作用和联系的分析来构成对整体的认识。人、产品、环境系统是一个动态的系统，各子系统之间不仅存在着物质、信息的交换和流通，而且作为一个整体，它还处于社会系统的影响之下。社会的种种因素也制约着系统中各个要素及相互关系。(图2－11)

当设计对象涉及的范围相对较小时，可考虑将设计对象放在一个较大的系统环境中来研究，对包括设计对象在内的系统各个方面的要素（子系统）进行设计与规划，最后设计出能与环境、品牌和其他相关要素和谐共处的新的设计。

当设计对象涉及的范围相对较广时，将设计对象作为一个相对独立的系统进行设计与规划，重点分析系统内各子系统间的关系与作用，建立新系统。

一个产品的设计，涉及功能、形态和品牌等很多方面的要素，采用系统化的设计观进行产品设计，可以把与产品相关的多个要素的层次关系及相互联系了解清楚，按预定的系统目标综合整理出对设计问题的解答。新产品开发过程是一个多元化的体系，根据系统化原则，协调整个设计活动的各个环节，从设计到生产，从技术到材料，多层次、多方位地构建起一个统一有序的体系，提高产品开发的效率。

图2－11 Yogi Family户外家具 Michael Young 2002年

2. 产品系统设计的思路

(1)整体设计，考虑与项目相关的跨学科的多元系统的创造与组构，研究系统要素间的层级关系，通过系统行为的整体协调实现系统功能。

(2)产品系列化概念，通过强烈制式化的形态创造，进行形态语义的统一；用系统设计观点衍生系列化产品，系列化类型包括成套系列、组合系列、品牌系列、单元系列等 。

(3)在产品开发中，系统设计强调产品、市场、用户三要素间的协调与平衡。设计活动不再是一种单一的造型活动，而是在市场竞争和设计互相联系的开发活动中。它要求设计部门在产品开发的过程中要与企划、销售及生产部门密切配合，以创造出既有良好性能又能适合市场的、便于制造销售的优良产品（图2－12）。

四、系统设计的意义

从设计的意义上讲，为创造更合理的生存方式，应以人为核心，通过人的各层次需求形成系统，指导产品的开发。设计的手段包含着系统中人的因素、技术的因素、生产制造的因素、品牌的因素等多方面的协调。以设计的具体对象为出发点进行各种资源的组织、调配、布置，在组织形式上形成系统。产品设计的系统思维方式及其系统行为在当今日益复杂化的"人—社会—自然"的系统关

图2－12 Dr. James 台北美容中心室内装潢及家具设计 Michael Young 2005年

图2—13 Panda Alessi 家用轿车 Stefano Giovannoni

系中具有重要的现实意义。(图2—13、图2—14)

系统设计是维护生态平衡，寻求人类社会可持续发展的有力保证。产品设计的目的是为人类创造更合理的生活方式，生活方式必须依赖于一定的自然、社会文化环境，只有“人－社会－自然”的相互协调，人类才能实现和谐发展。

系统设计是保证产品功能意义实现的有效方法。只有从产品的生命周期出发，在不断变化发展的用户多元化需求中挖掘产品设计新的诉求，才能进行合理的产品定位，使产品的价值最优，资源的利用最合理。

系统设计是形成产品的有效方式。产品定位对产品的最终形式作了有限的规定，但通过系统分析，系统要素和结构的协调能创造出多样化的设计方案，在多种方案之间通过系统综合和优化，结合产品评价方法寻求最佳方案。通过系统要素和结构的调整，实现产品的系列化设计，在低成本下，满足市场的多样化需求。

系统论的思想和方法能为设计创造提供必要的理性分析依据，能从技术与各方面的联系中使设计具体化，进一步完善设计。只有在设计中把理性的系统方法和直觉的、感性的设计思维融合起来，才能创造出满足用户的多元化需求的产品。

图2—14 Non Temporary 瓷器系列 Hella Jongerius 2005年

第二节 市场化设计

工业设计本身具有很强的应用性，人们经常把工业设计划分入艺术设计的范畴，但艺术设计不一定是艺术。艺术是艺术家思维的物态化，它可以是架上艺术，可以是行为艺术，可以是艺术家个人审美情趣的个性表达，而艺术设计并不是单纯为了艺术，经济性是其首先要表达的涵义。从哲学上讲，艺术家可以以我为本，可以自己创造个人的唯心世界，不必考虑客观世界的他物或他人的情趣。而工业设计必须以唯物主义哲学为指导，分析客观世界，服务真实世界。

设计与经济的关系是密切的，同时又是简单的。设计不可能脱离经济，而经济也不可能离开设计，如果说设计是经济的翅膀，那么经济便是设计的足。设计直接为企业生产准备造型计划，经济的核心是物质资料的生产，而设计的价值又主要在于经济。这就是说，经济和设计之间存在着天然而内在的联系。时下流行“创意产业”的说法，可以看做是设计创意的产业化，是典型的经济活动，其中包含两层意思：一方面，设计的成果需要推向市场，增强产品竞争力；另一方面，设计行业本身就是巨大的经济产业。

当今社会，商家对于工业设计的关注度逐渐提高，越来越多的企业通过工业设计来实现商品外形的不断创新、结构的不断完善、功能的不断扩展，进而提升商品的市场竞争力。设计者创造优良的设计，改善人类生活，在为商家获得丰厚利润的同时，自己也得到更多的经济资本。工业设计师把“产品”作为媒介，通过商业行为，实现与用户的沟通，这种“沟通”成为设计师进行设计的物质基础和灵感的源泉。

20 世纪 70 年代最引人关注的经济事件，就是日本经济的腾飞。而日本能够与西方经济相抗衡的一个重要原因在于：日本政府从五十年代引入工业设计之后，始终把工业设计现代化作为日本经济发展的战略导向和基本国策。国际经济界一致认为：“日本经济力＝设计力”。日本著名工业设计师秋田道夫曾经说过：“一般人都以为有好的外观就是好的设计，事实上，好的设计，需要符合“GOOD DESIGN BUSINESS”特色，设计是一种生意，要能卖得好，得到大众接受。”早在 1952 年，日本就已经出现了工业设计师协会，并且发起了“生活改善运动”，希望通过工业设计的商品，带动战后日本的文明生活。无论是20世纪 70 年代的“小即是美”、80 年代的“效率化”，或者 90 年代“追求强烈的个性符号”与“爱护地球的绿色概念”，工业设计师，一直是领导日本，甚至是全世界生活潮流的灵魂人物。(图2–15、图2–16) 在当今这个现代化、信息化程度极高的时代，空有艺术性、美的外观，而不能为人类生存和发展服务的设计，是没有市场的。设计要为发展社会经济服务。社会经济状况的好坏，可以制约艺术设计的发展；艺术设计的发展对社会经济具有推动作用，而不能决定经济发展的状况。

一、工业设计成为企业竞争的重要手段

香港理工大学设计学院教授林衍堂说过：“设计就是经济效益。”

图 2–15　Sony 随身听 (Walkman)　1979 年

图 2–16　东芝小冰箱　黑川雅之　1983 年

企业的商品力、销售力和形象力水平直接决定了企业在市场的激烈竞争中取得的优势。企业在不同时期、不同市场中，这三方面的作用各有主次。1945年至1955年，二战刚刚结束，战后复兴，商品奇缺，企业的产品只要品质优良、价格便宜就一定会非常畅销，这是单靠“商品力”的作用；到了1965年，由于大量商品出现，企业单靠物美价廉也无法立足，市场由卖方市场转变为买方市场，市场不再取决于企业，而是取决于用户了，同时还要配合营销能力，才能取得良好的销售业绩，这是依靠“商品力”和“销售力”两个层面的作用；而现代企业所面对的是一个时刻都在变动的时代，顾客、竞争与创新成为企业的生存法则，顾客生活方式的变化使得产品和技术寿命周期不断缩短，单纯的质量因素已不足以决定市场局面和企业生命，品牌形象、企业形象成为企业生命新的决定性因素。现代企业的竞争力除了“商品力”和“销售力”之外，形象力也是必不可少的因素。以产品设计、企业形象设计及设计管理为主要内容的工业设计则使这三力相互作用、相互影响，把企业和市场、企业和用户紧密结合在一起。

当今社会，市场竞争明显取决于设计竞争，无论是国家还是企业纷纷把设计作为跨世纪的经济发展战略。世界上规模最大、效益最佳的国际集团公司都将设计视为提高经济效益和企业形象的根本战略和有效途径。(图2–17、图2–18)

二、设计、生产、消费

设计、生产、消费是一个完整的经济效益链。在经济高度发展的今天，设计已成为强有力的生产力并服务于生产，生产过程与生产结果又体现设计的价值，良好的设计能引导消费、服务消费、创造消费、促进消费。设计与生产消费之间是良性互动的关系。

1. 设计与生产

生产是经济的核心，是通过人力把物力转化成物质资料的关键环节。如果说经济是基础，那么生产就是这个基础的基础。设计是先于生产的，是商品生产链条上的第一环。西方工业革命以前，设计与生产乃至销售集于一身，手工业生产的工人们往往既是设计师，又是生产者。工业革命以后，随着生产方式的变化，设计在大批量生产的企业中从生产线上分离出来，作为生产结构的一个环节存在。

设计从生产线上分离出来以后，一部分仍留在企业，一部分走上社会，同时为企业的生产作设计，靠生产转化设计成果 ，以生产为自己的价值体现。这种情况随着社会经济的发展，在知名品牌企业中表现愈益突出。总之，设计师通过生产活动来实现设计的价值和自身的成就。

作为生产结构的第一个环节，设计把新的科

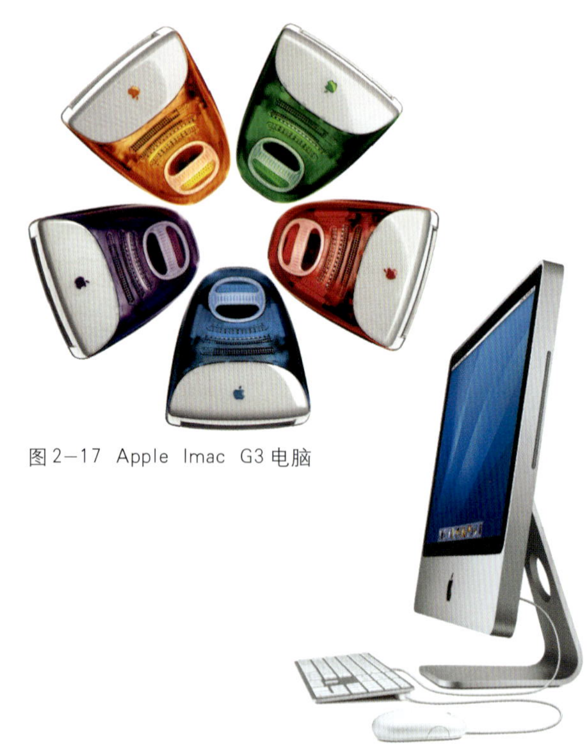

图2–17 Apple Imac G3电脑

图2–18 Apple Imac G5电脑

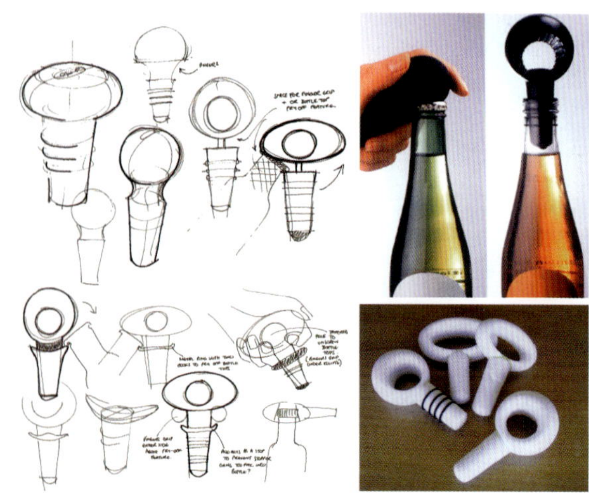

图2–19 OXO易握型瓶塞式开瓶器 Cyan Godfrey

学技术成果变成可以生产的产品，增加产品的竞争力或附加值，科学技术为社会服务正是通过设计与生产的互动而实现的。（图 2–19）

2．设计与消费

设计，一种文化现象，以消费为基础而存在。产品设计随着消费发展起来，同时对消费产生巨大的影响。消费，经济学者通常用满足需要来解释人们的消费现象，它指使用物质资料以满足人们物质和文化生活需要的过程。消费是人们生存与发展不可缺少的条件，是社会大生产的一个环节。设计与消费的关系是设计与经济关系的具体化，同时也是其关系最生动的体现之一。人们为满足自己的需求而进行的消费有着各自不同的内容，个性化消费是一种趋势。

首先，消费是设计的消费。设计是带有限制条件的创意活动，是物的创造过程，消费者直接消费的是设计师转化的实用技术，通过使用方式的设计、外观的设计等方面形成产品，给消费者的生活带来愉悦和满足。（图 2–20）

第二，设计为消费者服务。消费是一切设计的出发点与原动力。设计为消费服务，除了设计与生产的目的是为了消费之外，还有设计可以帮助商品实现消费、促进商品流通这层涵义。社会经济愈是发展，设计消费者导向也就愈明显。设计师通过不断探索消费者的生活特征，对目标人群进行深度访问，形成设计概念。（图 2–21）

第三，设计创造消费。设计可以激发人类的欲望，从而创造出远远超过实际物质需要的消费

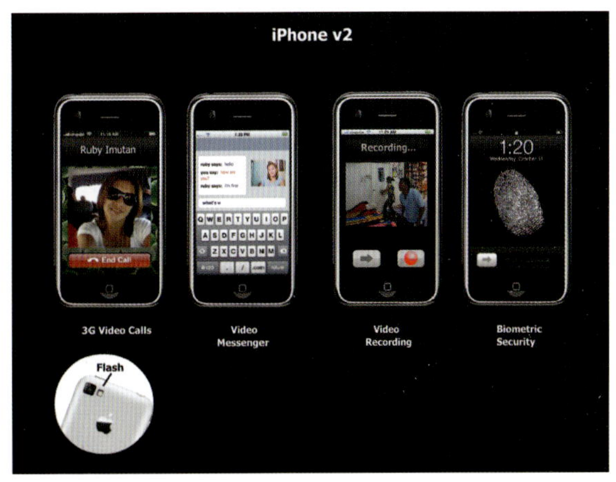

图 2–21 Apple I phone 手机

欲。设计是最有效地推动消费的方法，它在满足消费者需求的同时，能唤起消费者的潜在需求，或者说，设计发掘了消费需要，并制造出消费需要。设计会带来风格的流行，同时也会带来风格的更替，新的功能、新的形式不断成为消费的刺激因素。（图 2–22）

商业是联结生产与消费的重要环节。任何产品都是通过商业途径获得其市场价值的。这就要求产品不仅要功能合理、使用方便、造型美观、符合生产工艺要求，还要具有作为商品的流行性。

追求更高的利润是商业社会的基本准则，也是产品得以存在的现实条件。通过赋予产品流行趣味、象征意义，符合当代人的审美情趣，设计成为创造产品高附加值的必要手段。也就是要在材料、加工手段、能源消耗相近的情况下，通过设计去获得更高的利润。（图 2–23）

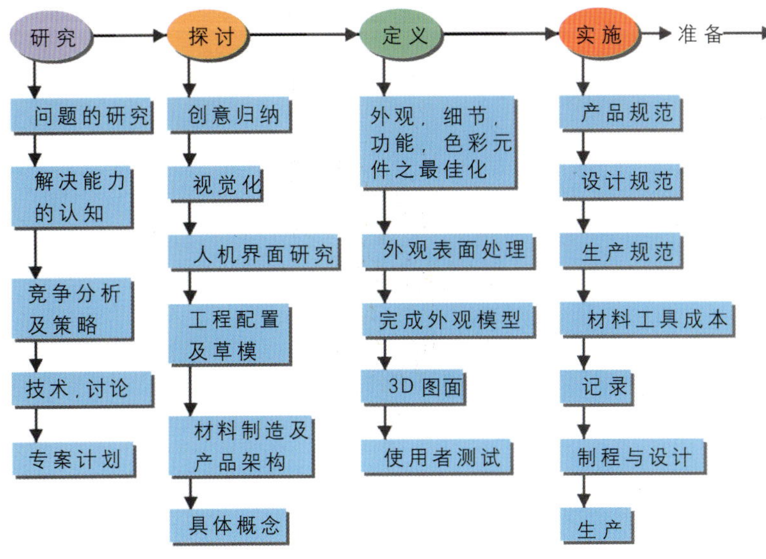

图 2–20 美国FROG 青蛙设计公司的设计模式（1997 年）

图 2–22 沙利夫柠檬榨汁机 Philippe Starck

生产的发展，生活水平的提高，是流行性问题日益受到重视的物质基础。人们对产品的精神内涵提出了越来越多的要求。在式样、色彩、欣赏趣味的相互比较、相互影响下，社会上形成了一阵阵的流行趋势。有时纯艺术作品用于艺术设计，常会带动新流行趋势。比如风行一时的“后现代主义”思潮对设计产生了很大的冲击。它的出现是在形式上对现代主义的反叛，迎合了富裕社会的人们追求丰富多彩的生活、重视产品中的精神含义的趋势，迅速成为一种流行风格，改变了现代主义产品相对冷冰冰的外貌，引起了人们对设计的更深入的思索。（图2–24、图2–25）

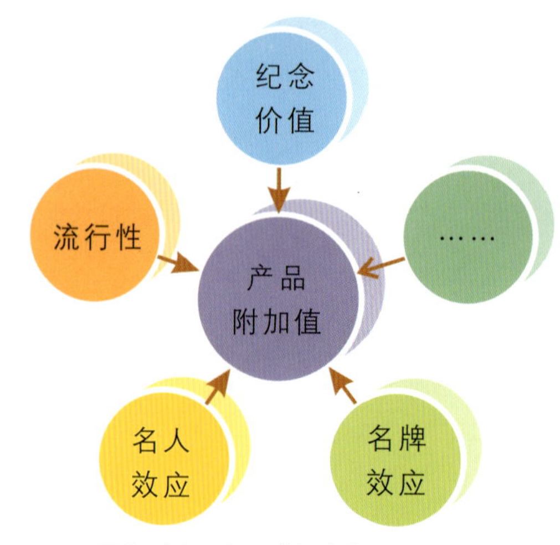

图2–23　产品附加值获得渠道示意

三、设计中的经济活动

设计中的经济活动体现在从设计构思到实现设计的全过程，并且在不同的阶段具有不同的形式和作用：

1. 在构思设计阶段

设计的构思过程就是设计概念的形成过程，属于设计问题的概念化阶段。设计师在这个阶段中把握设计的要求，形成设计项目的客观评价标准。设计师应善于从经济角度入手，进行产品项目研究，了解产品市场的经济规律；从消费者角度入手，进行用户研究，了解用户潜在需求，然后以创造性思维方式和表现手法去实现用户需求，解决问题。设计师应对设计物的经济价值进行充分分析，了解市场需求、行业竞争，研究产品功能、产品形象、分析产品价值、预测市场动向，对设计方案的经济价值进行有效评估。（图2–26）

2. 在实施设计阶段

设计的实施过程指的是设计方案由创意图纸到生产为实体的过程，属于设计概念的视觉化阶段。对于设计来说，是实际制作的过程。虽然在构思过程中设计师必然要考虑设计方案生产方面的诸多因素，但是，在真正付诸实施的过程中，设计方案的模型制作、试产、批量生产和专利保护等方面均受经济的制约，受成本的限制。在利用现有设备，大体消耗同样的能源、材料、人工、运输等成本费的前提下，优良的设计可以取得更高的经济效益。（图2–27）

3. 在实现设计阶段

设计物最终要推向市场实现其经济价值，主

图2–24　Table 系列瓷器　Tord Boontje 2005年

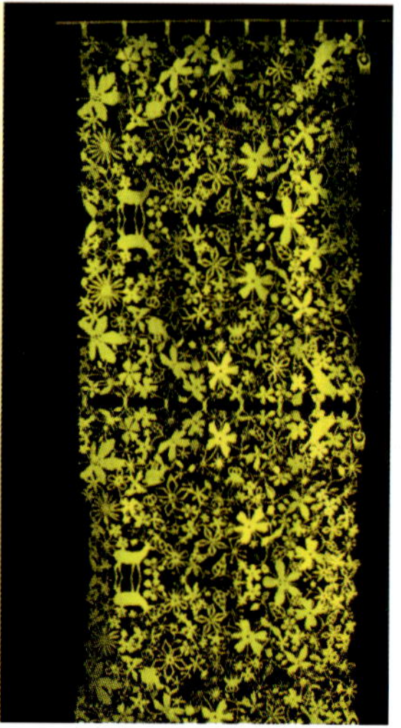

图2–25　Until Dawn 门帘　Tord Boontje

要是通过销售活动来实现的，属于设计的商品化阶段。当设计物作为商品投放市场，设计师应当及时调查市场反映和销售的情况，综合用户的反馈信息以改进产品设计并进行新的设计构思。

在这个高度文明的社会里，设计已经作为一门学问和一种文化出现在我们周围。设计的出现本身就代表着经济的进步与飞跃。尤其是在现实的社会中，这种表现更为明显。一方面，经济是社会得以发展的制约因素，经济的发展直接制约着设计的进步。另一方面，设计对经济发展有着推动作用，市场是检验工业设计的唯一标准。（图2–28、图2–29）

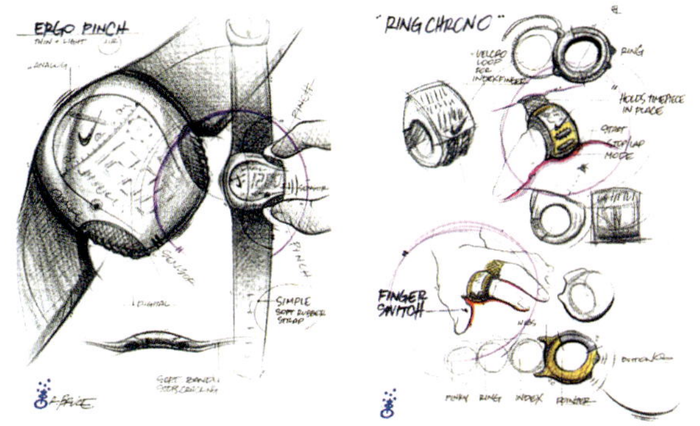

图2–26 Nike Triax 跑表设计概念草图

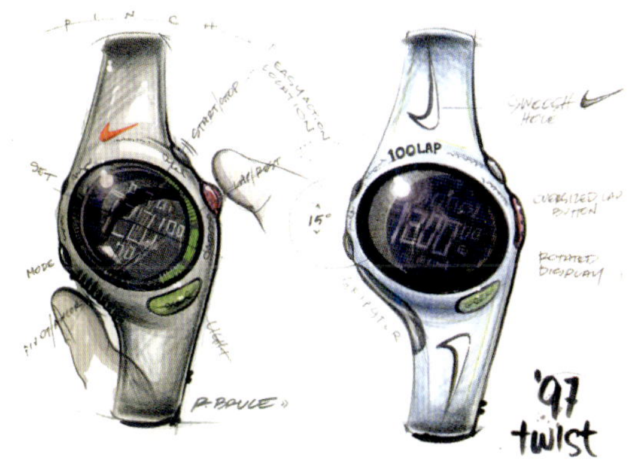

图2–27 Nike Triax 跑表设计产品效果草图

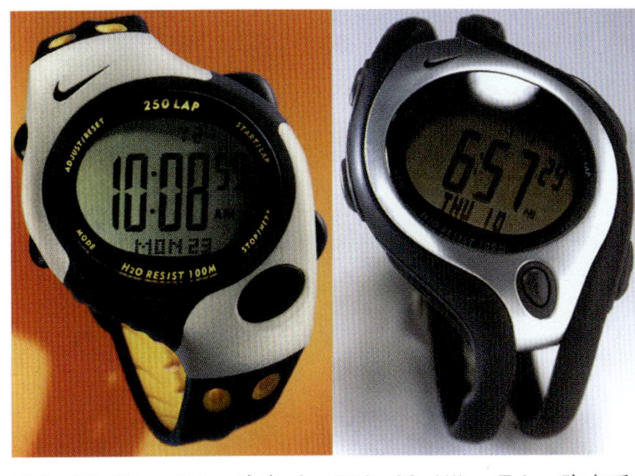

图2–28 Nike Triax 跑表系列——Triax250

图2–29 Nike Triax 跑表系列——Triax300

第三节 人性化设计

高科技的飞速发展，正逐步改变着人类生活的方方面面，在展示技术的先进性和人类无与伦比的聪明才智的同时，也带给人类新的苦恼和忧虑，那便是人情的孤独、疏远和感情的失衡。在高科技的社会里，人们必然去追求一种平衡——一种高科技与高情感的平衡，一种高理性和高人性的平衡。技术越进步，这种平衡愿望就越强烈。约翰·奈斯比特认为：“无论何处都需要有补偿性的高情感。我们的社会里高技术越多，我们就越希望创造高情感的环境，用技术的软件的一面来平衡硬性的一面”，而这种情感和人性平衡的实现，使人性化设计成为当前产品设计的主流。（图2–30、图2–31）

一、什么是人性化设计

人性化设计的实质就是在考虑设计问题时以人为中心来展开设计思考。以人为中心不是片面地考虑个体的人，而是综合考虑人的群体因素、区域因素、文化因素、社会因素，考虑群体与社会的相互关系，考虑社会的发展与更为长远的人类生存环境的和谐与统一，因此人性化设计应该是站在人性的高度上把握设计方向，考虑人的多重需要，关注社会文明的发展，综合协调产品开发所涉及的深层次问题。

高科技的发展带来了生活方式的转变，带动了人类情感的变化，引起了价值观念的转变。用户既要求产品的功能、形态、操作等方面与人保持亲和，又对批量生产出的一模一样的“均质性”产品难以体现个性化表现出逆反心理。因此，关注人类情感变迁、尊重人类个性化追求的人性化设计成为工业设计的新时尚。时代要求工业设计师在高科技、快节奏的市场竞争中为人们创造出更多的物质财富，给人以更多的亲情、自然与关怀。（图2–32、图2–33）

二、以人为本的设计

科学技术通过设计转化为产品，产品进入人的生活，为人服务。不断发展的科学技术能够带给人生活水准的飞跃，也能使人在操作产品的过程中产生陌生和不安。设计的发展，经历了由设

图2-30 "Pop up" 衣架 Rossano Didaglio 1997年

图2-31 办公坐椅 William Bill Stumph & Don Chael Wick 1996年

图2-32 红酒瓶防滴漏套 亚历克博格 1998年

图2-33 "SKUD医生" 苍蝇拍 Philippe Starck 1998年

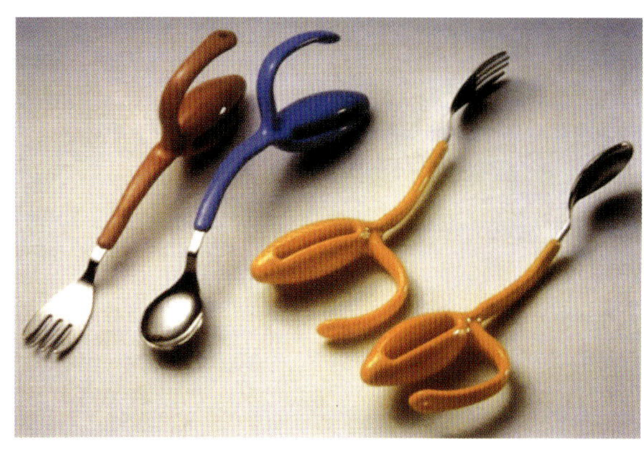

图 2－34　用记忆材料制成的把手可变形的儿童餐具

计为技术服务到设计以人为本的转变。20世纪80年代，众多产品制造企业将“设计以人为本”、“科技以人为本”作为产品开发的指导思想（图2－34）。

以人为本的设计是人性化设计的核心思想，意味着设计的最终目的是使产品更好地满足人的需求，设计是人为了实现自身需求而使用的手段和方式，人是设计的根本和出发点。因此，设计必须与人的需求相联系，与社会价值相联系，而不能仅着眼于产品的材料结构和先进的技术。人性化设计以人为中心，研究人的实际需求、潜在需求，对设计对象从使用、操作、环境、心理感受等方面进行整体考虑和构思，对人的生理、心理因素做科学的定性与定量分析和研究，从而提出人性化设计的理论依据。

确人性化设计要求设计首先要以满足人的需求为目的。人的需求是多方面的，在基本物质生活需求满足以后，高一级的精神需求就成为主要的需求，而产品形式必须是物质需求和精神需求的统一体。

美国心理学家马斯洛将人的需求大致分为五个层次：

1. 生理需要

这是人类生存的最基本要求，包括衣、食、住、行等方面的要求。如果这些需要得不到满足，人类的生存就成了问题。从这个意义上说，生理需要是推动人类行为的最强大的动力。只有这些最基本的需要得到满足后，其他的需要才能成为新的激励因素，而到那时，这些已相对满足的需要也就由主要需求转变为次要需求。

2. 安全需要

这是人类要求保障自身安全、摆脱失业和丧失财产威胁、避免职业病的侵袭等方面的需要。整个有机体是一个追求安全的机制，甚至可以把科学和人生观都看成是满足安全需要的一部分。当这种需要一旦相对满足后，也就不再成为激励因素了。

3. 感情需要

这一层次的需要包括两个方面的内容。一是友爱的需要，即人人都需要伙伴之间、同事之间的关系融洽或保持友谊和忠诚；人人都希望得到爱情，希望爱别人，也渴望接受别人的爱。二是归属的需要，即人都有一种归属于一个群体的感情，希望成为群体中的一员，并相互照顾。感情上的需要比生理上的需要更细致，它和一个人的生理特性、经历、教育、宗教信仰都有关系。

4. 尊重需要

人人都希望自己有稳定的社会地位，要求个人的能力和成就得到社会的承认。尊重的需要又可分为内部尊重和外部尊重。内部尊重是指一个人希望在各种不同环境中有实力、充满信心、能独立自主。总之，内部尊重就是人的自尊。外部尊重是指一个人希望有地位、有威信，受到别人的尊重、信赖和高度评价。尊重需要得到满足，能使人对自己充满信心，对社会满腔热情，体验到自己存在的意义和价值。

5. 自我实现的需要

这是最高层次的需要，它是指实现个人理想、抱负，个人能力的发挥达到最大限度，完成与自己的能力相称的一切事情的需要。也就是说，人必须干称职的工作，这样才会使他们感到最大的快乐。为满足自我实现需要所采取的途径因人

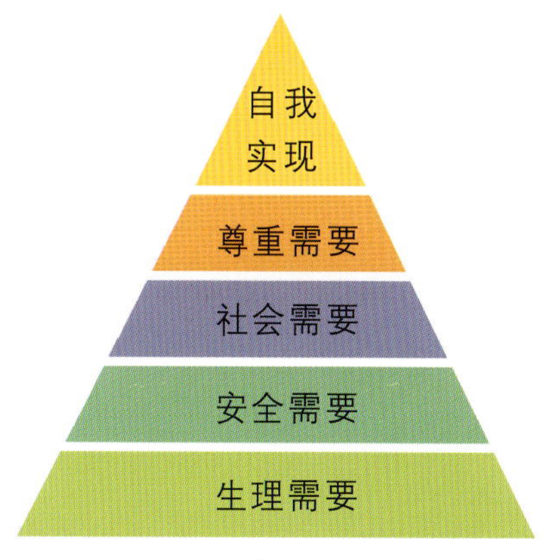

图 2－35　马斯洛的需求理论金字塔

图 2–36 触摸！丝绒杯柄咖啡杯 2004 年

而异。自我实现的需要使每个人努力挖掘自己的潜力，使自己越来越成为自己所期望的人物。

依据马斯洛的需求理论，人的需求是由低层次向高层次发展的，即这种需求具有递进性，如图 2–35 所示：从设计角度来讲，产品的人性化设计主要从两个层面研究人的需要，一是生理和心理层面需要的满足，人性化的设计观要求在“以人为本”的思路指导下，将设计的重点放在如何使产品更适合人的使用上。随着心理学、人机工程学的发展，对人体生理和心理的研究已经较为完善，设计师可以借助人机工程学来确定产品尺寸、色彩等要素，使产品适应人的生理、心理特点；通过用户行为研究寻找用户的使用习惯，提高产品在使用中的便利性和宜人性。

第二个层面是审美和文化层面的需求。人性化的设计观要求产品设计要从人对美的评价标准出发，通过外观造型、材质、触感、色彩等方面的合理组合，给产品的使用者带来审美的愉悦。产品的文化价值的需求涉及社会价值观念、地域特征、民族习俗、伦理道德等诸多方面的内容，这就要求设计师在设计之前要通过细致的调查分析，了解目标消费者的真正需求，并依靠自身敏锐的感知力对产品功能和形式加以预测，提出具有针对性的设计概念。（图 2–36）

随着科技的高速发展，由物质技术产品构成的外部世界越来越复杂，如何让功能复杂的产品具备简单易懂的可操作性和明晰的语义传达，以一种有亲和力的姿态面向消费者，并能巧妙地与消费者的文化价值观念相合，这些问题的解决都必须依赖人性化设计的观点和方法。（图 2–37、图 2–38）

图 2–37 Hansacanyon 单柄水龙头 Reinhard Zetsche &Dr. Bruno Sacco 2004 年

图 2–38 VARINO – 2 可变式厨具收纳组合 Thomas Ritt & Tino Toppler 2004 年

三、20 世纪 70 年代人性化产品设计的原则

设计上对于人性化产品的关注，始于 20 世纪 70 年代的针对老人、儿童、残疾人等弱势群体的无障碍设计。（图 2–39）

人性化的设计包含期望得到他人的尊重、追求人人平等的理念。人性化的设计就是具有人情味的设计，是面向所有的人，不论其身体有无残疾，是老人或是幼儿，以及存在障碍的程度如何，都对其表示关爱。人性化设计有六个主要特征：

1. 包容性

尽可能考虑到各种不同人群的特征，关注弱势群体，为所有的人提供方便，送去关爱，不论其有无障碍。尤其是环境设施设计，既适合健全人的活动，又适合存在不同障碍的残疾人、老年人以及儿童等弱者的活动。（图 2–40）

2. 便利性

充分考虑人的行为能力，最简单、最省力、最安全、最准确地达到使用的目的，最大限度地满足人们的需求。如产品的易操作性、防疲劳、易识别、触感舒适、空间宽敞、获得信息方便、不同障碍的人之间容易交流等方面的人性化设计。（图 2–41）

3. 自立性

承认人的差异，尊重所有的人。通过无障碍设计，满足弱势群体的生活空间，为他们的独立行动创造条件。帮助有障碍的人提高自身的机能去适应环境，为他们提供必要的求助装置，尽量使他们感受到生活在富有人情味的世界。（图 2–42）

4. 选择性

人性化设计对某一产品、某一空间来说应增加其适应性。就整体而言，应提供满足不同需求的商品和活动空间，以供给不同的选择，在满足大部分人需求的同时，使有障碍的人排除障碍。要寻求包容性和选择性之间的平衡。（图 2–43）

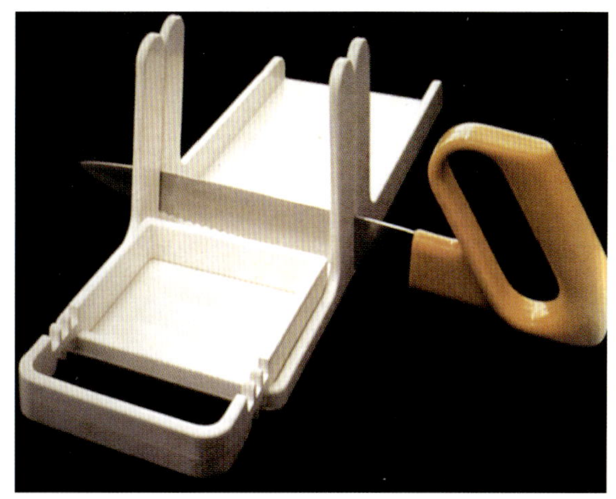

图 2–39 残疾人用餐刀和切盘 瑞典人机小组 1974 年

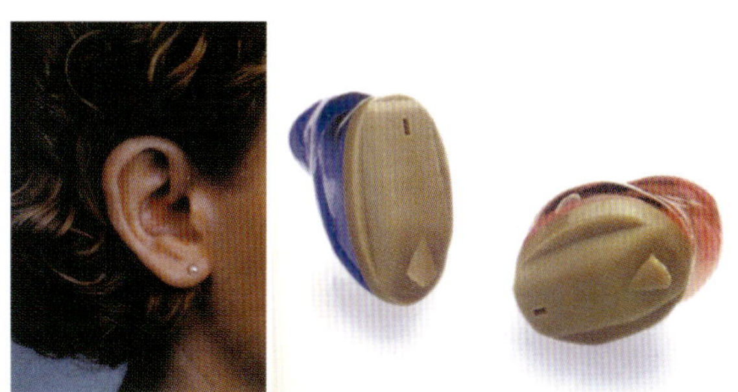

图 2–40 隐藏式助听器 威迪克斯公司

图 2–41 儿童用动物工具盒 卡耐提设计组

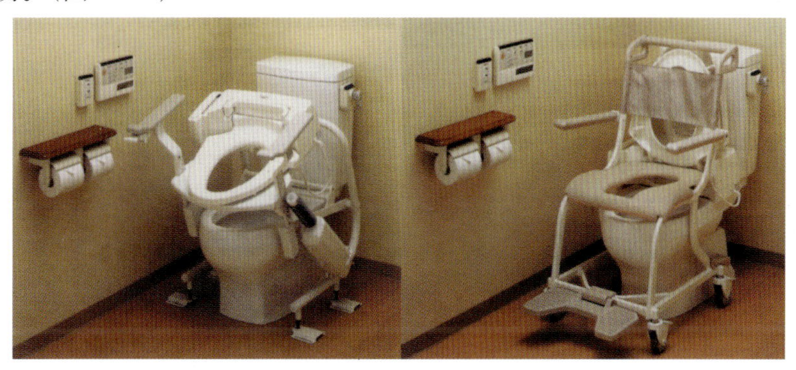

图 2–42 残疾人坐便器 TOTO 公司

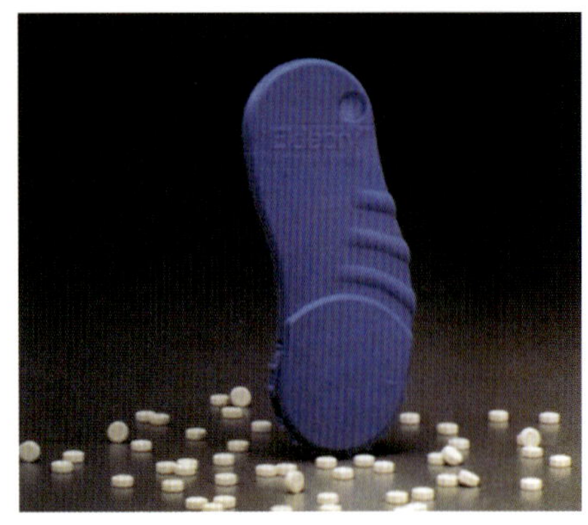

图2-43 帕金森氏综合症患者用药瓶 Matthew Coe

5.经济性

人性化设计的对象应包括相当一部分弱势人群，因此，要保持低成本、低价格，要有良好的性能价格比。经济性的设计，缩小了弱势与强势人群的差距，体现了设计师的关怀与责任。(图2-44)

6.舒适性

生理障碍往往伴有心理障碍。要通过对形态、色彩等的设计处理，达到美的视觉效果和良好的触觉效果，即使有视觉障碍的人也能感到愉悦。空间环境更要追求舒适性，特别是便于使用轮椅者、盲人等的活动。(图2-45)

四、20世纪90年代产品设计的人性化要素

随着时代的进步，人性化设计的内涵和外延都在发生变化，20世纪90年代的人性化设计，不仅关注弱势群体的无障碍设计，还延伸到更宽泛的产品领域，解决高新技术与用户体验的鸿沟，促进“高情感”、“高技术”人机环境的协调统一。设计师通过对设计形式和功能等方面的“人性化”因素的注入，赋予设计物“人性化”的品格，使其具有情感、个性、情趣和生命，最终达到产品人性化设计的目的。(图2-46)

1. 产品造型的人性化设计

产品设计中的造型要素是人们对设计关注点中最重要的一方面，产品的本质和特性必须通过一定的造型才能得以明确化、具体化、实体化。人性化的造型设计，寻求与产品功能属性相对应的形式语言，符合用户的文化价值观念。例如运用仿生的手法，将人们熟知的动植物、卡通形态进行产品形态转化，获得愉悦的视觉体验；

图2-44 儿童餐具 日本青芳制作所

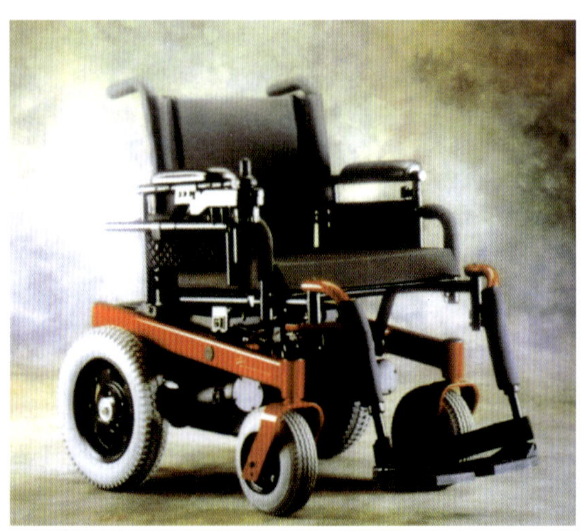

图2-45 电动轮椅 残疾人护理开发小组

图2-46 Spike吸盘剃须刀 Jack Hokanson

（图2–47）研究用户的使用经验，使产品的形态符合用户对于功能的感知，使产品操作简单易懂。（图2–48）

2. 产品色彩的人性化设计

在设计中，色彩必须借助和依附于造型才能存在，必须通过形状的体现才具有具体的意义。色彩经过与具体的形态的结合，便具有极强的感情因素和表现特征，具有强大的精神影响。针对不同的消费群和不同的使用环境，颜色的选择非常的重要。（图2–49）

3. 产品材料的人性化设计

材料的触感和视觉感受能直接带来用户内心的情绪变化，在产品使用中获得愉悦的心情。同时，产品材料的人性化设计对于当今可持续发展设计具有十分重要的意义。（图2–50）

选择可以循环利用和便于加工处理的材料十分重要，设计师要合理利用有限的资源，进行整合性设计。产品材料的人性化设计包括：

(1) 设计制造能改善环境的产品材料；

(2) 设计可再生利用的产品；

(3) 采用低能耗生产的材料；

(4) 选择一种经典性、永恒性的外观设计，或者通过更换少数部件就能更新造型风格，从而延长产品的“相对使用寿命”，达到节省的目的。（图2–51）

4. 产品功能的人性化设计

功能是产品的核心。用户对于产品的需求，其目的就是要获得其使用价值——功能。如何使设计的产品更加方便人们的生活，更多角度考虑用户的新需求，是未来产品设计的一个重要的出发点。（图2–52）

5. 情感化设计与人性化设计

设计的目的是为人而不是产品，而且现代人的消费

图2–47 大侠榨汁器 Stefano Giovannoni

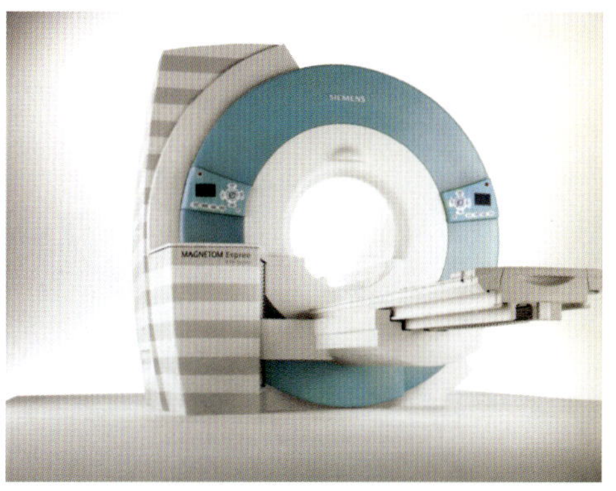

图2–48 西门子核磁共振成像系统 2004年

图2–49 DJ Kreemy 调音台 Karim Rashid

图2–50 KAJ 手表 Karim Rashid 2005年

图2–51 “生态”垃圾桶 Raul Barbieli

观念已经不是以前仅仅满足于获得产品的使用价值。在产品设计中实施“情感化设计”，就是把产品设计的起点定位于用户的生活，从他们的生活形态出发，研究尽可能符合消费者情感需求的条件，设计出在技术上、情感上、风格上都合理、丰富与多元化的产品。(图2–53)

6. 人机工程学的人性化设计

人机工程学是实现人性化设计的基础。人性化设计是以人为本的、满足人的需求的设计，设计过程中必须把人的因素放在首位。人机工程学研究产品的设计与人的生理、心理和行为特点的匹配关系，为产品设计提供关于“人”的技术参数。只要是“人”所使用的产品，都应在人机工程上加以考虑，设计师将这个过程描述为：以心理为圆心，生理为半径，用以建立人与物(产品)之间和谐关系的方式，最大限度地挖掘人的潜能，综合平衡地使用人的机能，保护人体健康，从而提高生产率。(图2–54)

从产品设计的范畴来看，大至宇航系统、城市规划、建筑设施、自动化工厂、机械设备、交通工具，小至家具、服装、文具以及盆、杯、碗筷之类各种生产与生活所创造的“物”，在设计和制造时都必须把“人的因素”作为一个重要的条件来考虑。一方面研究适宜的尺度、色彩、界面布局等偏重于生理学的层面；另一方面研究心理层面的问题，需要更多的符合美学及潮流的设计，满足人的审美观和价值观。(图2–55、图2–56)

图2–52 Wacom Intuos3 智能数码手写板 2004 年

图2–53 樱花杯 2007 年

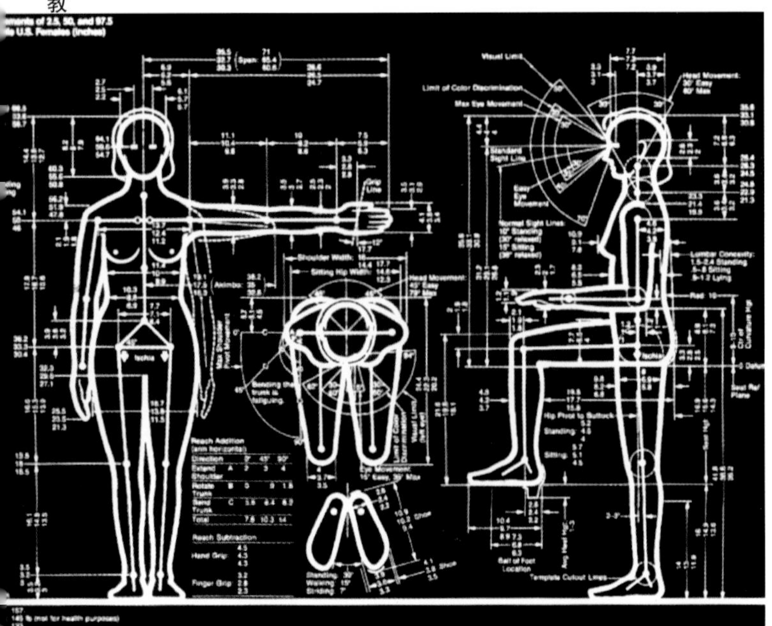

图2–54 人体测量图 Henry Dreyfess 1960 年

第四节 可持续化设计

一、可持续化设计的兴起

资源、环境、人口是当今人类社会面临的三大主要问题，特别是环境问题，正对人类社会的生存与发展造成严重的威胁。随着全球环境问题的日益恶化，人们愈来愈重视对环境问题的研究。可持续化设计正是在这样的时代背景下诞生的设计新理念。（图 2–57、图 2–58）

图 2–55 AROGMAGIS 油、醋罐 Eva Solo

自产业革命以来，高度发展的科学技术和工业在给人类文明带来巨大贡献的同时，也使人类付出了生态环境恶化的代价。工业设计为人类创造现代生活方式和生活环境的同时，也加速了资源、能源的消耗，并对地球的生态平衡造成了极大的破坏。特别是工业设计的过度商业化，使设计成为鼓励人们无节制消费的重要媒介，“有计划的商品废止制”就是这种现象的极端表现。

20 世纪 70 年代，因无节制的工业化生产和消费导致的整个地球自然生态环境的恶化和能源短缺，引发了设计界对环境的高度关注，设计师开始意识到人类高强度消耗自然资源的传统生产方式和过度消费，已经使人类付出了沉重代价。设计活动本是为了创造更加美好的生活，然而，在工业革命所引发的“高消费阶段”却违背了设计的根本目的。设计师从最初的关注人与物的关系发展到开始关注人与环境及环境自身的存在，要求设计必须尊重自然生态发展客观规律的可持续发展设计观逐渐为设计界广泛认可。

图 2–56 豆腐茶杯 Milife

20 世纪 80 年代末，随着全球产业结构的调整和人类对生态资源认识的日益深化，为了寻求从根本上解决制造业环境污染的有效方法，在美国掀起了“绿色消费”浪潮，继而席卷了全世界。在这股“绿色浪潮”中，设计师更多地以冷静、理性的思辨来反省一个世纪以来工业设计的历史进程，展望新世纪的发展方向，而不只是追求形式上的创新。为了人类未来的生活和子孙后代的幸福，社会开始提倡保护自然资源、保护和绿化环境，在设计界更加提倡协调人与自然的设计，保护环境、节约材料能源成为设计中需要考虑的重要因素。基于“可持续发展”理念的“可持续化设计”应运而生。

“可持续发展”是一个涉及环境、经济、社

会的综合性概念，主要包括自然资源与生态环境的可持续发展、经济的可持续发展和社会的可持续发展。在世界环境与发展委员会(WCED) 1987年发表的《我们共同的未来》的报告中，将可持续发展定义为：既满足当代人的需求，又不危及后代人满足其需求的发展。进入90年代，不少设计师转向从深层次上探索工业设计与人类可持续发展的关系，力图通过设计活动，在人-社会-环境之间建立起一种协调发展的机制，这标志着工业设计发展的一次重大转变。

可持续化设计反映了人们对于现代科技文化所引起的环境及生态破坏的反思，同时也体现了设计师道德和社会责任心的回归。（图2-59、图2-60）

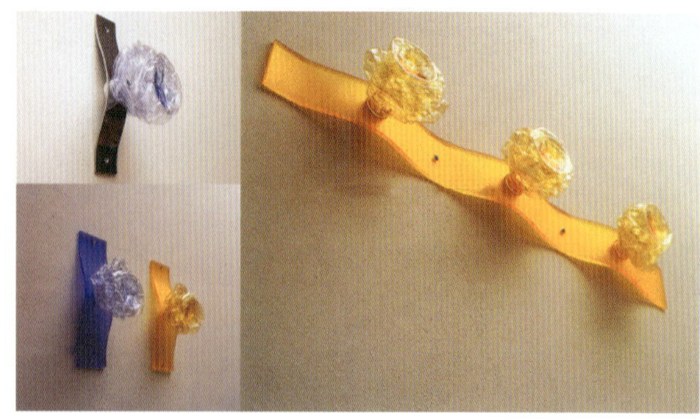

图2-59 "Dune"衣物挂钩 Paolo Ulian 1996年
缩皱后的矿泉水瓶被旋进冲压成型的钢材或是热压的塑料底座上的特殊结构内，形成一个独特的挂钩。

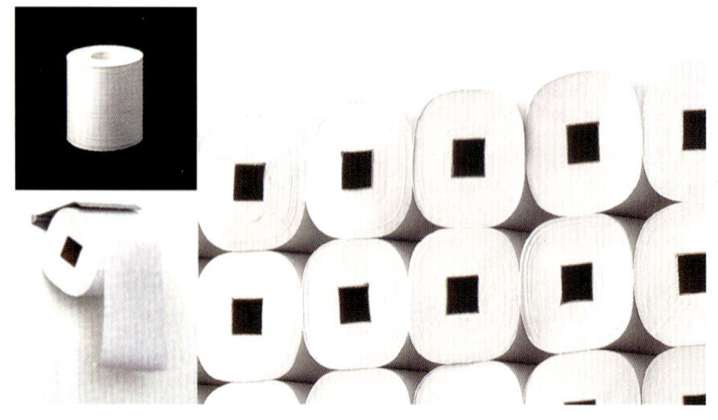

图2-57 方形手纸 坂茂 2002年
断面是方形的，体积被压缩，具有提高储藏和运输效率的优点。

图2-58 "Criket"塑料瓶子压扁器 Julian Brown 1997年
将空塑料瓶子放在底座上，用脚向下踩压扁器上部的滑动件，使其沿着钢管向下滑动，人靠金属顶部的塑料把手稳住自己，压扁瓶子。

图2-60 Sourcy牌矿泉水花瓶 Arnout Visser 1994年
将Sourcy牌矿泉水的玻璃瓶子去掉底部并腐蚀表面后，加上嵌碎玻璃的水泥底座，就成了美丽高雅的花瓶。

图2-61 牛奶瓶吊灯 Droog

荷兰当地回收并经过加工后的牛奶瓶，通过电缆悬吊成为能调整高度和疏密关系的时尚吊灯。

二、可持续化设计的概念

可持续化设计也称为生态设计、绿色设计、可持续发展设计等。虽然叫法不同，内涵却是一致的，其基本思想是：在设计阶段就将环境因素和预防污染的措施纳入产品设计之中，将环境性能作为产品的设计目标和出发点，力求使产品对环境的影响降到最小。可持续化设计遵循的基本原则为“和谐”，强调“人－自然－环境”的平衡性与共生性，着眼于人与自然的生态平衡关系。

对工业设计而言，可持续化设计的核心是“3R”，即Reduce、Recycle、Reuse，可以简称为“少量化、再利用、资源再生”。不仅要减少物质和能源的消耗，减少有害物质的排放，而且要使产品及零部件能够方便的分类回收并再生循环或重新利用。可持续化设计将产品生命周期拓展为从原材料制备到产品报废后的回收处理及再利用，在设计过程的每一个决策中都充分考虑到环境效益，尽量减少对环境的破坏。随着可持续化发展概念的推广，可持续化设计进入更多的产品开发领域，使其衍生出新的核心“People、Planet、Profit”，简称为“人、地球、利益”。新的核心着眼于可持续化设计的“3R”原则，衡量可持续化设计的社会属性，寻求三者间的平衡关系，以人为本，实现经济利益、环境保护的全面丰收。

图2-62 啤酒瓶吊灯 Kernel 32

球形的灯座上插满空的啤酒瓶，温暖的光线以不一样的反射和折射洒落下来，令人感到别样的愉悦。

可持续化设计不仅是一种技术层面的考量，更重要的是一种观念上的变革，要求设计师放弃过分强调产品外观上的标新立异，将重点放在真正意义上的创新上，以一种更为负责的方法去创造产品的形态，用更简洁、长久的造型使产品尽可能地延长其使用寿命。可持续化设计是设计观念的又一次演进与发展。在产品达到特定功能的前提下，材料、能源在制造、使用过程中消耗得越少越好，产品在使用过程中或使用后对环境污染越小越好。可持续化设计是跳出产品、商业的小圈子，站在人类根本利益的基点上，全方位的设计观念。（图2-61、图2-62）

三、可持续化设计的方法

可持续化设计的思想包含协调人与自然的关系、保护环境、节约材料能源等设计原则，在生态哲学的指导下，将设计行为纳入“人—机—环境”系统，既实现社会价值又保护自然价值，促进人与自然的共同繁荣。可持续化思想对产品设计提出了新要求，它涉及产品的功能、外观、材料设计到产品的生产、物流、回收整个过程，产品的可持续化设计包括以下几种思路：

1. 功能化设计

用户消费产品，也是在消费功能，可持续化设计需首先讲求功能效果，以人为本。人体工程学的理论是设计的基础，设计中既要重视人体在静态条件下的生理状况，也要重视人体在动态条件下的生理状况。在关于人的因素中，首先考虑的是使用者的需求与健康。例如“绿色手机”是采用“内藏式碗状天线”技术的低辐射绿色环保手机，正面(贴近大脑的一面)辐射极小，约为手机反面辐射的三分之一。其次，考虑使用者的产品功能体验。科学技术的日新月异给产品功能的设计提供了强有力的技术支持：可模拟自然风的健康风扇；产生负氧离子的环保空调；实现消毒杀菌功能的家庭用水处理设备；家用电器的遥控化、小型化、组合化使操作更方便、更灵活。这些科技进步直接带来了用户健康生活的体验，产品的宜人性得到提高。(图2-63)

2. 节能环保设计

节能环保设计主要从节约资源、减少污染的角度开发产品，在产品达到特定功能的前提下，材料、能源在制造、使用过程中消耗得越少越好，积极应用节能、节材等新技术成果。产品在使用过程中或使用后对环境污染越小越好，如无氟冰箱、无铅油墨、可降解塑料袋等无污染产品的设计，以及在产品设计中应用竹子、藤条等原生植物材料。例如绿色汽车的设计首先要求其使用的能源(如天然气、液氢、电和太阳能等)符合低污染和低排放的原则；还要注意在开发设计过程中，每一个环节都要充分考虑到环境效益，尽量减少对环境的破坏，这包括尽量减少能量消耗、提高能源使用效率、使用新材料和新结构以降低物质消耗、便于零部件的回收利用、减少城市空间占用、提高交通通行率等。在不少国家和地区，交通工具不仅是空气和噪声污染的主要来源，并且消耗了大量宝贵的能源和资源。因此交通工具，特别是汽车的可持续化设计备受设计师们的关注。新技术、新能源和新工艺的不断出现，为设计出对环境友善的汽车开拓了崭新的前景。

减少污染排放是汽车可持续化设计最主要的问题。以技术而言，减少尾气污染的方法主要有两个方面，一是提高效率从而减少排污量，二是采用新的清洁能源。2004款Prius车是第一台装备新的高压／高量的混合协同驱动系统的丰田车，完全混合动力系统的优势非常明显，在某些情况下汽车可以完全用电能驱动，实现了燃料消耗以及尾气排放的减少。混合协同驱动系统车辆的排放比普通的内燃机引擎尾管排出的废气物质低了近90%。更重要的是，Prius彻底打破了环保与性能不可兼得的定论。(图2-64)

3. 长效设计

主要关注产品的耐用性和功能的价值效能问题，追求原生、精致、耐用的品质，尽可能地延长产品的使用寿命，反对那些浪费资源的，纯粹只是形式更迭的设计，提倡创造具有长效价值的设计。长效设计常用的两种方法：

(1) 模块化设计

对一定范围内的不同功能或相同功能的不同性能、不同规格的产品进行功能分析，划分并设计出一系列功能模块，通过模块的选择和组合可以构成不同的产品，满足不同的需求。

模块化设计既可以很好的解决产品品种规格、产品设计制造周期和生产成本之间的矛盾，又可为产品的快速更新换代、提高产品的质量提供必要条件。模块化设计的产品方便维修，有利于产品废弃后的拆卸、回收，提高了产品的竞争力。(图2-65)

图2-63 7350C扫描仪 明基 2005年
设计宗旨在于尽量节省空间，它可以通过支架对着书本或文件竖直放置，也可以挂在墙上，有利于节省空间。它的上盖可以拆卸，扫描比DIN A4格式大的书籍时格外方便。扫描仪背面专门设计了一个空间用来存放驱动盘，这样就解决了当扫描仪被几个人使用时，必须去找适当的驱动器的问题。

图2-64 量子速度HF86Q560型光波炉 SIEMENS 2005年

这款光波炉能在几分钟内就给深度冷冻的食物加热完毕，从而节省大量的时间。

图 2-65 CX100模块化工业电脑 Design AG 2004年

CX100电脑是为在标准轨道控制柜中使用而设计的。由于其为标准化结构，所有零件都根据所需功能而聚合在一起，电源模块能够通过不同的处理器、各种接口模块，与CPU模块连接。

（2）循环设计

循环设计也是回收设计(Design for Recovering &Recycling)，即在进行产品设计时，充分考虑产品零部件及材料回收的可能性、回收价值的大小、回收处理方法、回收处理结构工艺性等与回收有关的一系列问题，以达到零部件及材料资源和能源的充分有效利用，产生环境污染最小的一种设计的思想和方法。

产品的循环设计综合考虑材料的回收可能性、回收价值的大小、回收的处理方法等，能够实现对有限资源的最大化利用。循环设计如能与国家相关法规相配合，衍生部分行业的设计规范，对于资源的再利用将起到巨大的作用。循环设计还有利于对污染源的控制，设计之初就将产品对环境的影响纳入设计范畴，对环境产生严重污染的产品方案将被扼杀在设计阶段。（图2-66）

图2-66 节能型电热水壶 Kambrook小组 废弃后可拆散

4．材料的再设计

可持续设计应该考虑合理使用材料，以最贴近自然的、对人体无害的、节省能源的材料来满足产品功能的需要，以最少的用料实现最佳的效果。一方面，不能把含有有害成分与无害成分的材料混放在一起；另一方面，对于达到寿命周期的产品，有用部分要充分回收利用，不可用部分要用一定的工艺方法进行处理，使其对环境的影响降到最低。拿汽车来说，它带给人类的除便捷和舒适外，也给环境造成了巨大的破坏。积极研制开发和推广使用“绿色”交通工具是可持续发展框架下交通运输变革的必然趋势之一。在汽车材料的可持续设计方面，欧洲国家走在世界的最前列，德国奔驰公司的近期目标是包括塑料和废油液在内的整车回收率达到95%以上。瑞典的沃尔沃公司与瑞典环境研究所联合开发EPS系统，该系统包含汽车选用的各种材料从提炼、制造、使用到废弃全过程给自然环境带来的影响数据(环境指数)，设计师根据汽车的制造材料，就可以算出每种汽车的环境载荷，以便根据不同市场的需要设计出最优化的生态汽车。

材料是产品制造的主要要素，是产品结构、形式和功能的物质载体，材料的选择决定了产品寿命的长短和能否回收再利用。首先，产品的原材料应尽可能选择可再生、可回收并循环利用的材料，尽

图2-67 BMW3型环保概念车
整车可拆卸，蓝色标出的额零件都是用再生材料制造的，绿色表示材料可回收。

图2-68 用再生纸包装的彩色铅笔，表面没有其他多余的装饰，消费者可以直观地看到彩色铅笔。

量减小对环境的破坏，不使用有害环境的材料；其次，使用不易受腐蚀、易于清洁和维护的材料，这样能够延长产品的使用寿命；再次，减少不同种类的材料数量，尽量选择同类材料制造产品，易于日后的回收和循环使用；最后，尽量使用有结构特点、质轻的材料，减少加工成本，减轻产品重量，节约人力、物力和时间。（图2-67、图2-68）

四、可持续化设计的发展趋势

从某些角度看，"可持续化设计"不能被看做是一种风格的表现。成功的"可持续化设计"产品来自于设计师对环境问题的高度意识，并在设计和开发过程中合理运用设计师和相关组织的经验、知识和创造性结晶。目前，可持续化设计的重点在于节能环保，提高资源的利用率，减少污染物的排放等方面。随着设计理念的深化，呈现出多角度的发展趋势：

1.使用天然的材料，以"未经加工的"形式在家居产品、建筑材料和织物中得到体现和运用。

2.怀旧的、简洁的风格，精心融入"高科技"的因素，使用户感到产品是可亲的、温暖的。

3.实用的功能和能耗的节约。

4.强调使用材料的经济性，摒弃无用的功能和纯装饰的样式。

5.多种用途的产品设计，通过变化可以增加体验的乐趣，避免因厌烦而替换的需求。

6.设计能够便捷升级、更新的产品，通过尽可能少地使用其他材料来延长寿命。

7.组合设计和循环设计。（图2-69、图2-70）

五、可持续化设计与社会可持续化发展

可持续发展战略是当今中国发展的重中之重，可持续发展是"既满足当代人的需求，又不危害后代人满足其需求的发展"，所以，可持续化设计无疑是可持续发展观念在设计科学中的合理延伸。

图 2–69 "Mater–Bi" 扁平餐具 Antoni Zielinski 1995 年

淀粉和纤维素添加剂混合成 Mater–Bi 颗粒，制成可以自然降解并溶解的一次性餐具。

图 2–70 "Curva" 尺子 De Denktank–Partick Kruithof 1995 年

将回收的 50mm 宽的旧百叶窗叶通过丝网印刷上刻度和文字说明，就变成了一把彩色的尺子。

经济发展要考虑生态环境的长期承载能力。在产品开发过程中，如果不重视环境意识，不考虑产品本身是否对环境造成污染和危害，而一味地关心它们的造型是否具有十足的创意，成本能否十足的低廉等等，从长远的角度看，不仅给企业带来损失，更会给人类赖以生存的自然社会带来不可逆转的损失和灾难。可持续化设计保证在设计和生产的各个环节都以节约能源资源为目标，减少废弃物的产生，以保护环境、维持生态平衡为准则。面对当前全球的环境污染、生态破坏、资源浪费、温室效应和资源殆尽，每个地球人都应感到生存的危机。在这种背景下，只有通过可持续化设计才能达到社会可持续发展的需要，所以可持续化设计是人类可持续发展的必然选择。（图 2–71、图 2–72）

图 2–71 FREITAG 卡车帆布包将印刷上广告的卡车车篷布精心裁剪后制成了时尚的背包。

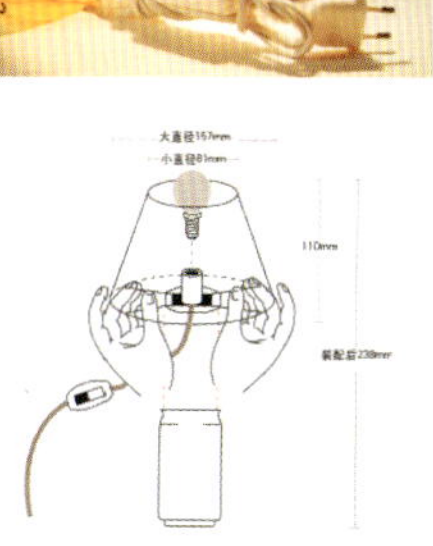

图 2–72 "夹子" 台灯 Bernard Vuarnesson 1996 年

用户可以将带线的灯座和再生材料制成的灯罩与自己选择的标准 330ml 饮料罐进行组装形成独具个性的台灯。

第三章 设计流程与方法

当我们接受一个新的设计项目时，我们首先要考量产品的概念问题，通常情况下我们将开发新产品的概念分为：仿制型产品、改进型产品、全新产品、未来型产品等。针对不同的产品，我们将采用不同的设计策略，如：仿制型产品往往是在现有的市场产品的基础上做一个逆向工程，技术开发的成分相当小，基本上可以认为是在现有技术不变、功能需求不变的基础上的单纯的外观设计。这个时候工业设计就应该服从于技术，以技术为主导来进行新产品的开发；对于未来型的产品，是在一片空白的基础上来描绘各种可能性，是在对消费者的生活方式做深入研究以及社会、经济、技术等诸方面作大胆预测而进行的产品开发；这个时候所需的技术是不可知的，工业设计将发挥自身最大的创造性和想象力去勾画未来的蓝图；这个时候显然应该是工业设计在整个开发过程中处于主导地位的关键时期。而对于中间的几种产品概念将可归为“技术—设计”共同引导，只不过根据不同的情况，各自所占的地位有所不同。(图 3−1～图 3−5)

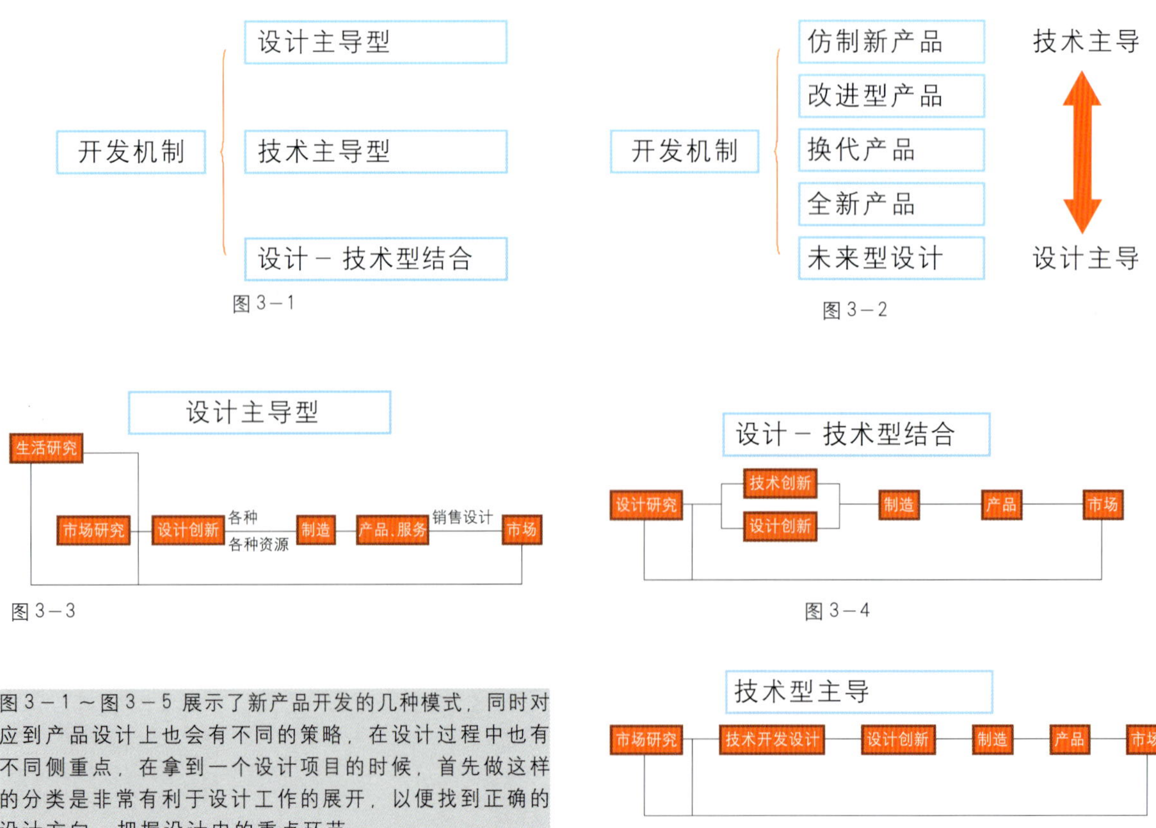

图 3−1

图 3−2

图 3−3

图 3−4

图 3−5

图 3−1 ～图 3−5 展示了新产品开发的几种模式，同时对应到产品设计上也会有不同的策略，在设计过程中也有不同侧重点，在拿到一个设计项目的时候，首先做这样的分类是非常有利于设计工作的展开，以便找到正确的设计方向，把握设计中的重点环节。

第一节 认识问题 明确目标

在日常的设计工作中，通常会遇到这样的情况：随着设计的开展与深入，大量的信息和问题就会随之而来，让你无从下手。所以，我们必须在设计的开始阶段，就搞清楚存在的问题以及问题的组成和结构。

要弄清楚上述问题，必须将其放置于“人—机—环境—社会”这一系统中，理清相互作用和关系，编制成相关的图表，以便帮助我们找出各要素之间的问题和关系，此表格贯穿整个设计过程，有助于设计者全面地认识设计问题，而且也有利于把握总体的设计目标。同时也应该制定相关的设计计划和时间安排表，以便顺利完成设计任务。(图 3–6、图 3–7)

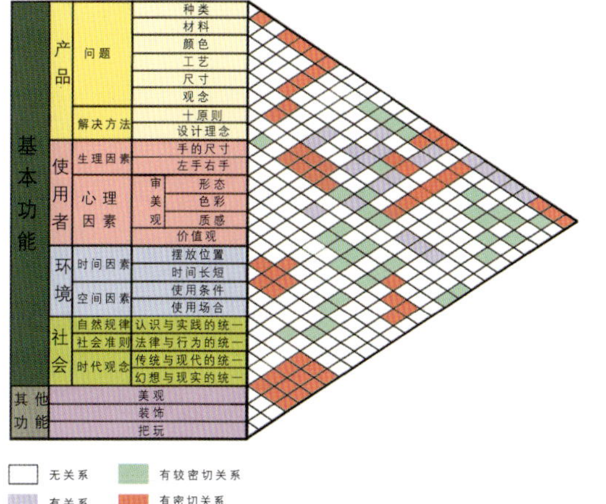

图 3–6　重庆工商大学设计艺术学院 06 工业 1 班的贺鹏飞同学对其将要设计的打火机进行的产品“人—机—环境—社会”系统分析，并制作为表格，以便在后续的设计中做到心中有数。

时间安排

内容 \ 时间	1 2 3 4 5 6 7 8 9 10	11 12 13 14 15 16 17	18 19 20 21 22 23 24
搜集资料			
市场调查			
编写市场调查报告			
调查结果确定设计方向			
设计构思分析			
设计展开			
方案讨论、优选及确定			
深入设计			
电脑制图			

Y X DESIGN PRODUCT SEMANTICS

图 3–7　重庆工商大学设计艺术学院 05 工业伏文顶、荆琳、李昊、欧海超、王汉祥等同学做的关于音箱设计的计划，看似非常形式化的东西，其实对初学者很重要，便于同学们把握各个时间点，形成良好的习惯。

第二节 设计调研 分析问题

进行设计调研，设计市场所需要的产品，是每个设计者都明白的道理。设计活动不是封闭的自我包含的活动，而是在市场竞争中，由设计师综合人、市场竞争、产品机能、流行时尚、社会文化等诸因素进行编码，而在市场销售中由消费者进行解码的符号性活动。它要求设计部门在产品设计的过程中就要与销售及生产部门密切配合，以便得到既有良好性能又能适合市场的、便于制造销售的优良产品。

设计的成功与否关键在于设计师的编码和消费者的解码过程是否统一，如果消费者能够认同和购买产品，那么说明设计是成功的；反之则是一个失败的设计。要使设计取得成功，就必须站在消费者的角度对影响产品的诸要素进行分析，力求将设计中将要涉及的问题分析透彻，做到心中有数。

具体而言，设计师在进行产品设计时，将围绕目标进行以下几个方面的设计调查和问题分析：

一、人的因素

作为消费者的“人”是我们设计中的核心问题，我们所设计的产品总是用来满足人的部分需求。人具有自然性和社会性双重属性，自然性的人要求物质需求，而社会性的人要求社会的认同和自我的实现，所以对于人的需求的满足是有其层次性的。我国古代著名思想家墨子对此也曾谈到：“衣必常暖，而后求丽；居必常安，而后求乐。”而马斯洛比较系统的将人的需求从低到高分为 5 个层次：即生理需求、安全需求、社会需求（友谊、爱情、归属）、尊重需求和自我实现需求。人们对产品的要求总是从“量”到“质”，再到“情”的逐步发展过程，特别是在技术同质化的今天，人们越来越注重产品实用功能后面所蕴含的各种精神文化因素，因此在进行产品设计时，以人为中心，满足人类物质和精神的需求就显得尤为重要，同时也促使我们必须采用不同的设计策略以满足不同的需求。(图 3–8～图 3–19)

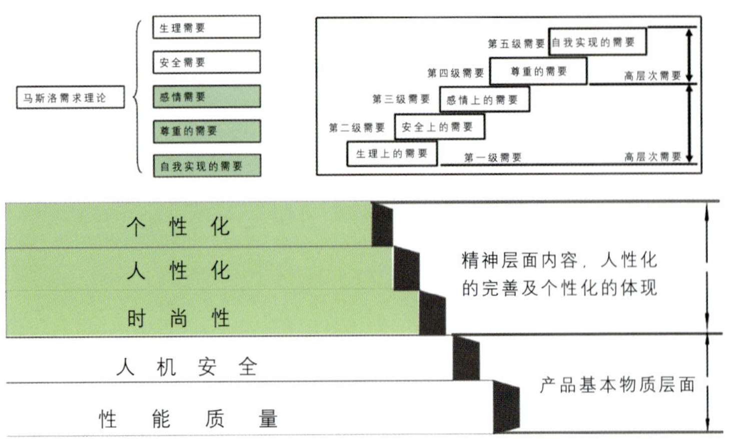

图3－8 关于马斯洛需求理论的图解，对应到产品设计上就会有诸如：性能质量、人机安全、时尚性、人性化、个性化等要求，对于产品使用者的分析，可以明确使用者对于产品的诉求，那么就比较容易把握住产品设计在造型上的侧重。对于一般的产品而言，我们可以把使用者细分为操作者、欣赏者和拥有者，从而可以从以下三个方面来理解马斯洛需求理论：对于操作者而言一定要好用、对于欣赏者而言一定要具有美学价值、对于拥有者而言，一定要具有体现其身份的象征意义。对于初学产品设计的设计师而言，从上述三个方面去把握将更容易理解人的需求。

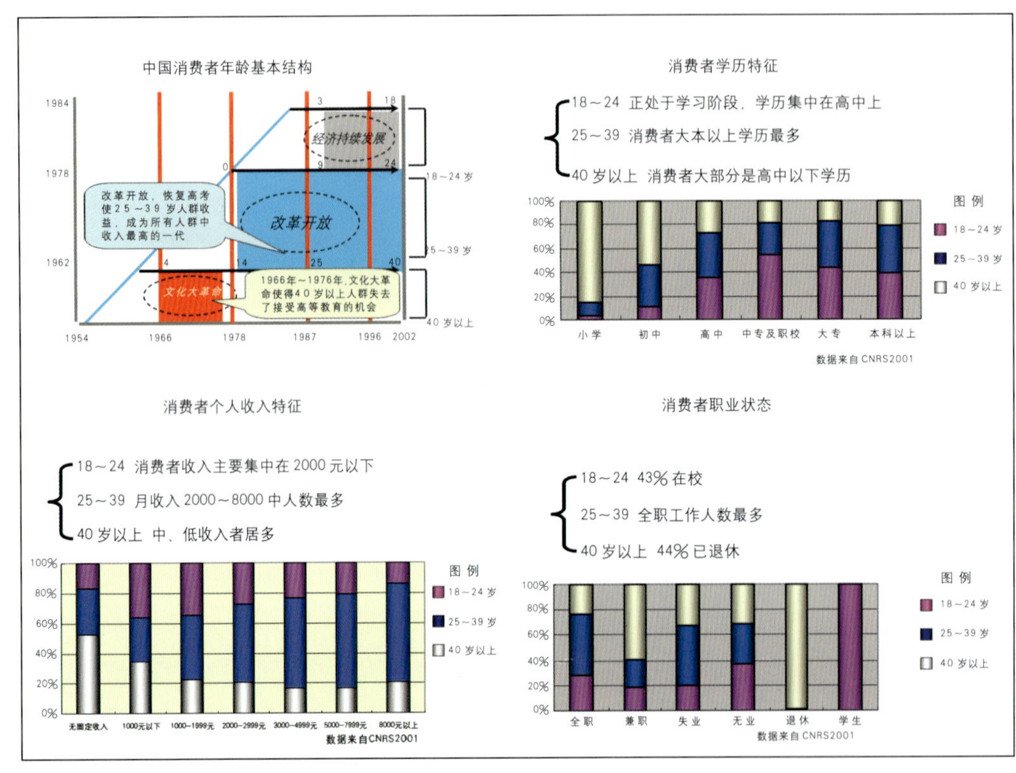

图3－9 是海尔工业设计中心对于全国消费者的一个大体的分析，从而形成针对不同人群的大体的设计策略。

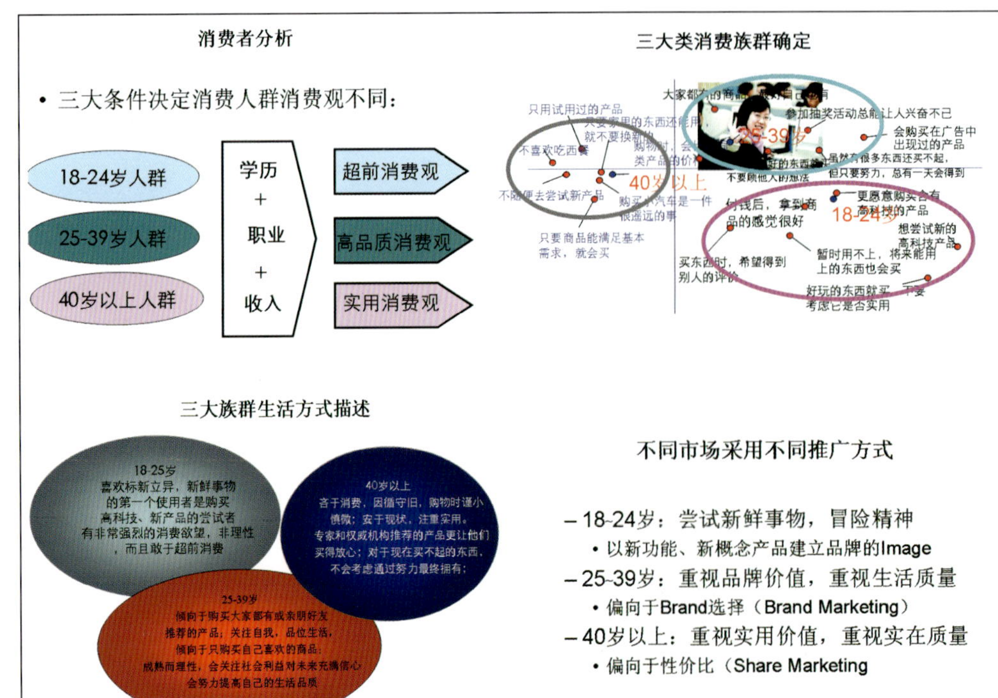

图3－10 是海尔工业设计中心对于全国消费者的一个大体的分析，从而形成针对不同人群的大体的设计策略。

人群定位调查问卷

日期:______ 地点:______ 被访问者:______ 调查者:______

个人基本信息:

性别:______年龄:______职业:______教育程度:______婚否:______
家庭成员: 父☐ 母☐ 配偶☐ 女儿☐ 儿子☐ 其他:____
家庭月收入: 5000~8000 ☐ 8000~12000 ☐
12000~15000 ☐ 15000以上 ☐
个人月收入:________________________________

居住环境基本信息:

住房类型: 别墅 ☐ 公寓 ☐ 普通公寓 ☐ 高层 ☐
房屋面积: 60~80㎡ ☐ 80~100㎡ ☐ 100~120㎡ ☐
120~160㎡ ☐ 160㎡以上 ☐
户型:________________________________

生活形态信息:

您家里是否有工人: 无 ☐ 有 ☐
您每天在家多久: 8小时以下☐ 8~10小时☐ 10~12小时☐ 12小时以上☐
您每天在家吃几顿饭: 三餐 ☐ 二餐 ☐ 一餐 ☐
您在家里的主要活动: 卡拉OK ☐ 看电视 ☐ 聊天 ☐ 喝茶 ☐
上网玩游戏☐ 读书看报☐ 听音乐☐ 烹饪 ☐
辅导孩子 ☐ 养花 ☐ 养宠物☐ 运动 ☐

6

YinXiang DESIGN PRODUCT SEMANTICS

图3-11

产品调查问卷（一）

1.请问您喜欢什么类型的音乐:

☐ 轻音乐 ☐ 爵士乐 ☐ 摇滚 ☐ 流行音乐 ☐ 古典音乐
☐ 舞曲 ☐ 其他

2.请问您最欣赏的音响品牌?

☐ 漫步者 ☐ 联想 ☐ 索尼 ☐ 松下 ☐ 三星 ☐ LG ☐ 山水
☐ 海尔 ☐ 康佳 ☐TCL ☐ 创维 ☐ 冬芝 ☐其他

3.请问您喜欢或购买某品牌音响的动机:

☐设计独特 ☐ 功能强大 ☐ 简单实用 ☐ 经济实惠
☐品牌原因 ☐装饰性强 ☐ 体现品位 ☐ 其他

4.请问您选择音响的档次: ☐高档 ☐ 中档 ☐ 低档

5.请问您喜欢音响的按键形式:

☐ 旋扭 ☐ 硬按键 ☐ 软按键 ☐ 触摸按键 ☐ 感应按键 ☐ 其他

6.请问您购买什么价位的音响:

☐ 200元以下 ☐ 200~400元 ☐ 400~600元
☐ 600~1000元 ☐ 1000以上

7

YinXiang DESIGN PRODUCT SEMANTICS

图3-12

产品调查问卷（二）

7您会从哪里购买音响产品:

☐专卖店 ☐ 连锁店 ☐ 中小规模家电商店
☐ 电脑专卖店 ☐大型超市 ☐ 网上 ☐ 其他

8.假如你是一位设计师，你会把下面这个产品设计成什么样的颜色？

☐ 红色 ☐ 橙色 ☐ 黄色 ☐ 蓝色 ☐ 紫色 ☐ 其他

9.下面是一些大众化的品牌，你要购买首先会选哪一品牌？

☐ 海尔 ☐ SONY ☐ 松下 ☐ 东芝
☐ 日立 ☐ 三星 ☐ 长虹 ☐ 飞利浦
☐ LG ☐ TCL ☐ 康佳 ☐ 其他
为什么？________________________________
____

10.你们在日常生活中都比较关心哪些方面的社会现象？__________
____

11.我们在网上进行了这么一份问卷：你觉得下面几种广告的方式，哪种最能吸引你的注意力从而勾起你的消费欲望？

☐ 功能 ☐ 趣味 ☐ 廉价
☐ 创新 ☐ 美观 ☐ 其他

8

YinXiang DESIGN PRODUCT SEMANTICS

图3-13

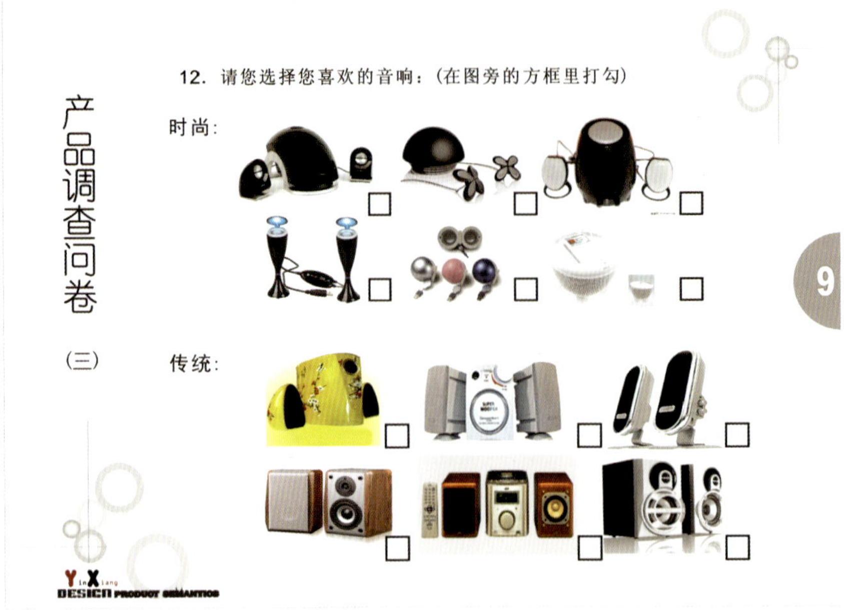

产品调查问卷

（三）

12. 请您选择您喜欢的音响：（在图旁的方框里打勾）

时尚：

□ □ □

□ □ □

传统：

□ □ □

□ □ □

9

YinXiang DESIGN PRODUCT SEMANTICS

图 3－14

产品调查问卷

（四）

趣味：

□ □ □

□ □ □

高档：

□ □ □

□ □ □

10

YinXiang DESIGN PRODUCT SEMANTICS

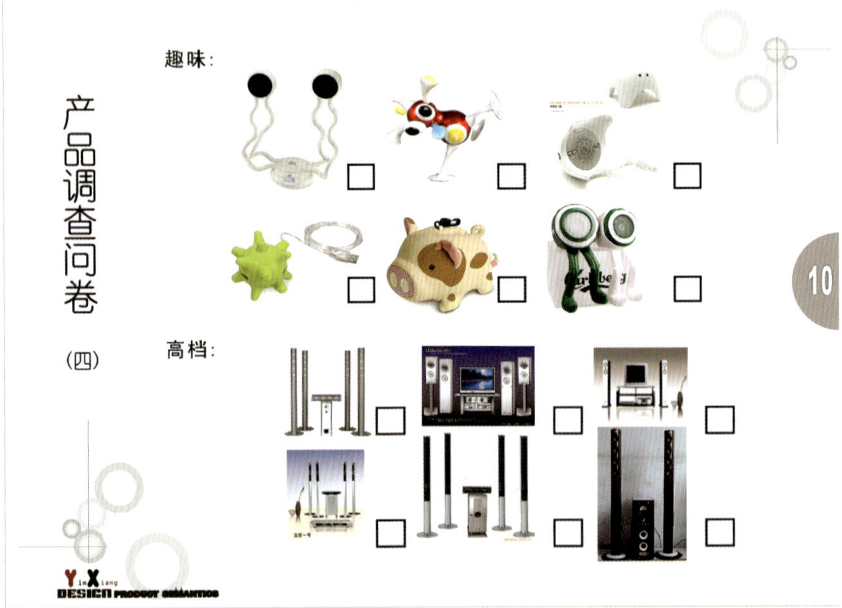

图 3－15

图 3－16

调查结果分析

让用户们选出他们最喜欢的图片，在不同年龄段的四类人群（23～29，30～38，39～48，49～60）中进行视觉描述、抽样调查，结果发现：

23～29 这个年龄段的人群有很强的购买欲望，喜欢鲜艳并自人化的生活形态，十分反感环境给人所带来的压力。

30～38 的人则饱满的家居环境，选择色调偏冷的比例也很高。

39～48 此类人群同30～39 的人群在环境意向的选择上有很大的相似之处，但39～48 的人群理性的色彩更浓厚。49～60 的人们喜欢木制的老家具，喜欢陈旧的色彩。最后一题，选择自己喜欢的音响：（调查结果）

共调查69人

时尚：29人 42%

传统：8人 11%

趣味：16人 23%

高档：5人 7%

个性：11人 16%

12

Y in X iang DESIGN PRODUCT SEMANTICS

图3－17

调查数据分析

随着人类自身能力的增长，人类与自然的关系中处于“主动”的地位。到了现在的信息社会，人类开始寻找与自然和谐、持久的“互动”关系。产品应该赋有精神的意境，从而与人产生互动。

（一）在上述的调查中，城镇人中占所调查人中的98%，年龄在25岁以上的占74%，38岁以上的人占所调查人中的31%，其中具有专科以上学历的有72.5%。居住在有公寓的人有48%，他们主要是城市中产阶级。居住普通公寓的占27.4%，他们主要是城市工薪阶层。居住别墅的占3%。

在相关调查中，人们的家庭生活一般比较固定，喜欢到自己经常生活且固定的超市购物。

在调查中还发现科技对人们的观念产生了巨大的影响，智能成为很多人的观点。

（二）用户的意向版实际就是反映了不同年龄层次，不同性别的人群所具有的不同心理需求，他们在意向里所呈现出来的需求比例就是我们所关心的数据。数据反映了他们的心理需求，同时也体现了市场所蕴藏的商机。

Y in X iang DESIGN PRODUCT SEMANTICS

图3－18

调查总结

喜欢个性化设计风格的人群，他们思想前卫，对生活充满热情，有进取精神，修改鲜明、新潮，有非常强的消费理念，他们有极强的主见。

通过对目标人群的这一分析我们基本确立了用户的消费价值取向，经过测试以后，我们的开始清晰起来，所有的问题都解开了，并最终得出了本次用户研究的最终结论：

通过上述几个方面的研究，我们已经基本摸清了用户的需求、偏好等到原本模糊不清的信息，一个人喜欢什么，讨厌什么都真实的反映了一个人的内心真实的精神世界。在这个与众不同的精神世界里，他们都有自己所具有的独特的精神依赖，我们通过这么一种从整体到局部的研究方法，确定了设计的方向。

14

Y in X iang DESIGN PRODUCT SEMANTICS

图3－19

图3－11～图3－19 是重庆工商大学设计艺术学院05 工业伏文顶、荆琳、李昊、欧海超、王汉祥等同学做的关于音箱设计时的使用人群的调研，这个调研比较便于从各个方向去把握，进而得到设计方向，特别要提到的是图3－14～图3－16 关于消费者喜好的调查，图解便于把抽象的言语形象化，同时为后续造型设计中的款式和风格提供图形参考。

二、市场竞争因素

为了有效地分析竞争对象，首先要明确本产品的竞争者是谁？然后分析它们的市场策略、优势和弱点，最后根据自己的产品同竞争对象的力量对比，进行策略选择。归纳起来，有如下步骤：

1.确定竞争对象。通常竞争对象的确定，是从相关产品和市场产品两方面来分析。

2.分析竞争对象的市场策略。

3.研究竞争对象的优势与不足，一方面从技术指标来分析，另一方面应从市场指标分析。

4.策略选择。产品设计策略选择：一种是进攻，一种是回避（但实际上往往是两种策略同时使用）。(图 3-20～图 3-38)

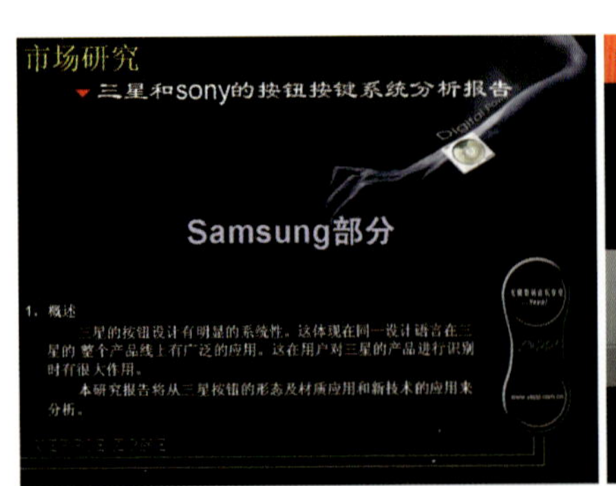

图 3-20

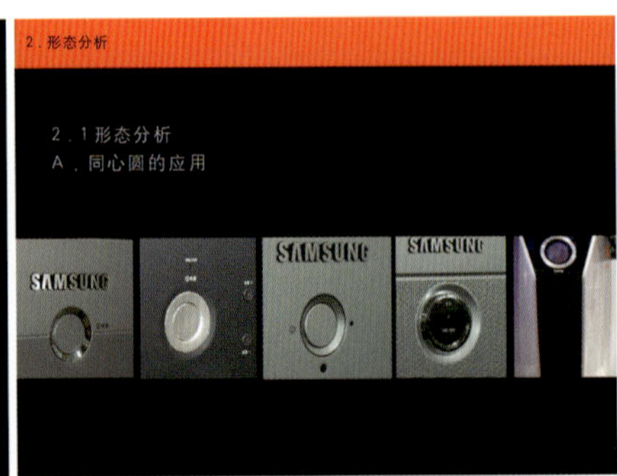

图 3-21

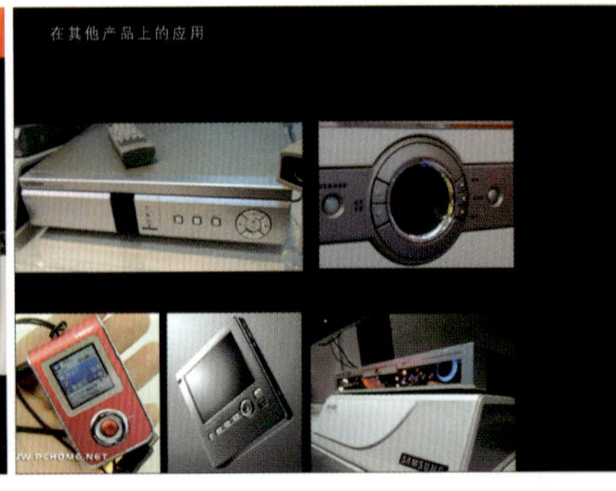

图 3-22

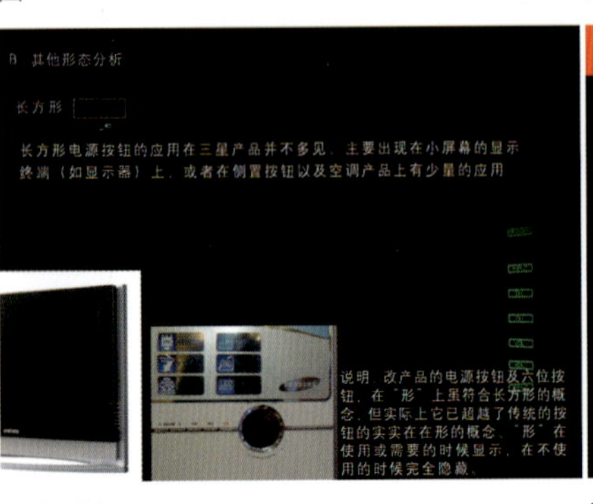

图 3-23

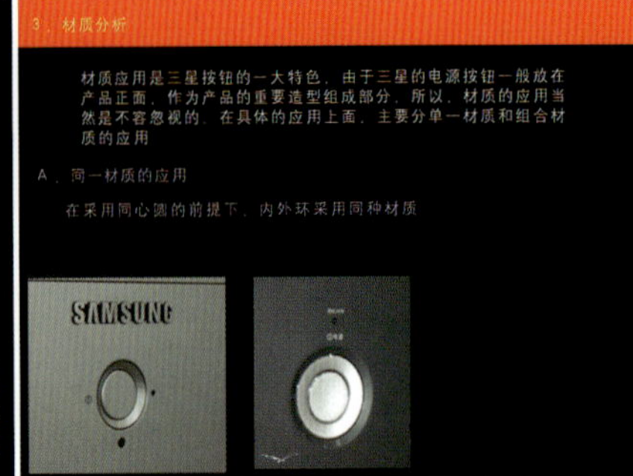

图 3-24

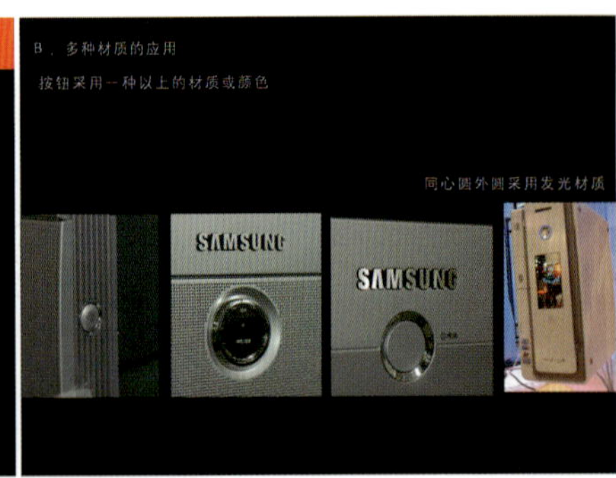

图 3-25

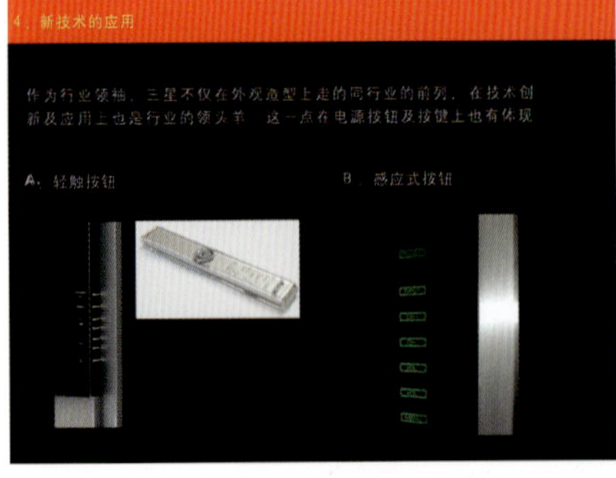

图 3-26

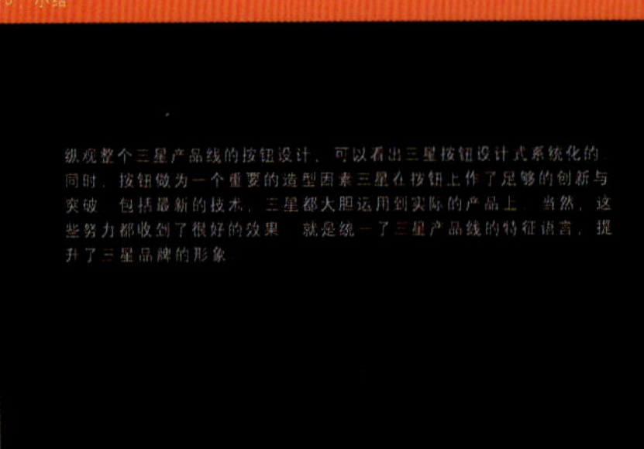

图 3-27

图 3-28

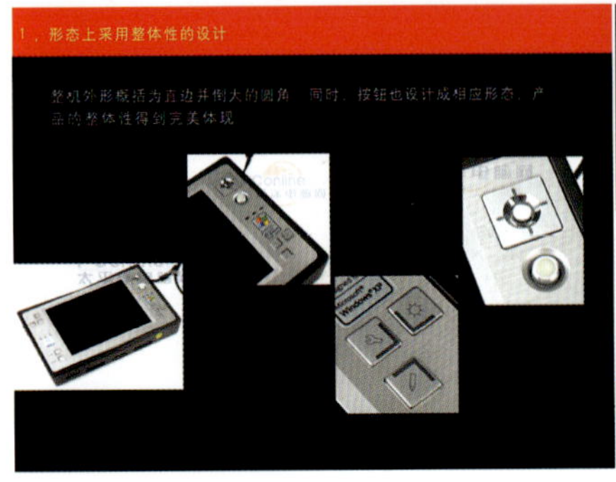

图 3-29

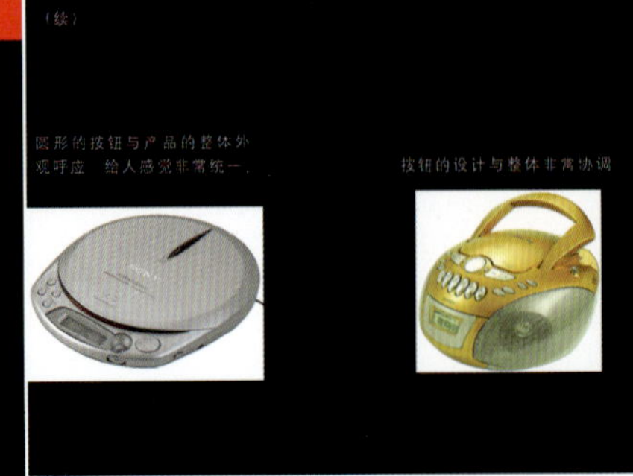

图 3-30

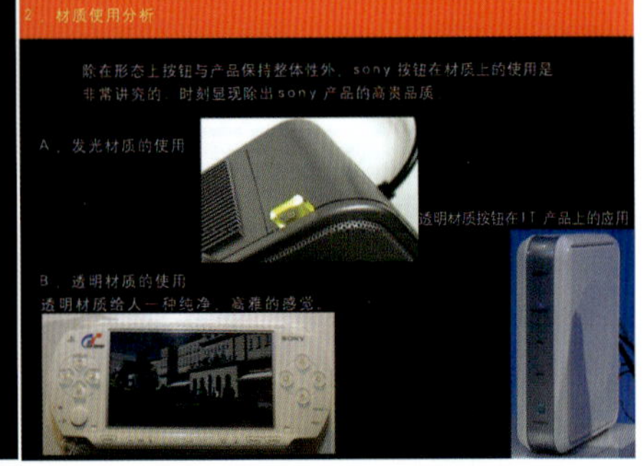

图 3-31

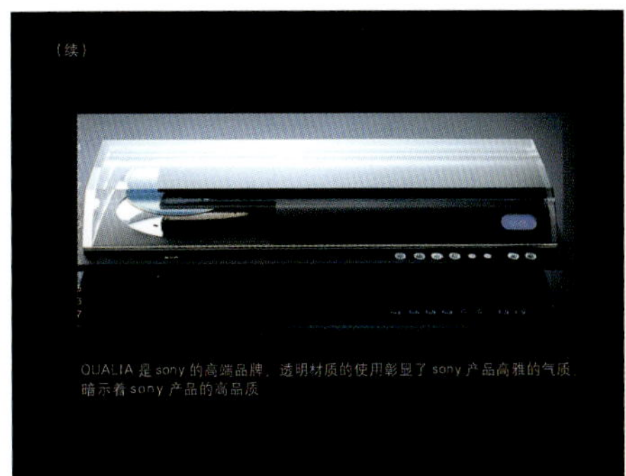

（续）
QUALIA 是 sony 的高端品牌，透明材质的使用彰显了 sony 产品高雅的气质，暗示着 sony 产品的高品质

图 3－32

C．金属材质的使用
金属材质主要应用在小的产品（如随身听）上面，为产品增加亮点

图 3－33

3．高新技术的应用
新技术的使用是产品更加科技化和时尚化，当然，作为电子产品的领导者，sony 在这放面也开发和应用也不遗余力，让 sony 总是走在科技和时尚的最前沿

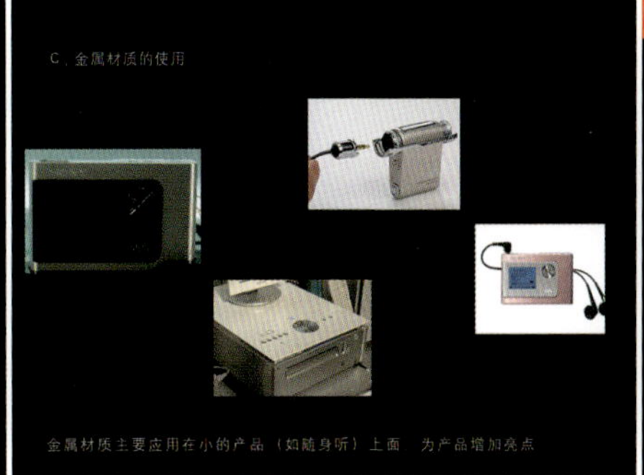

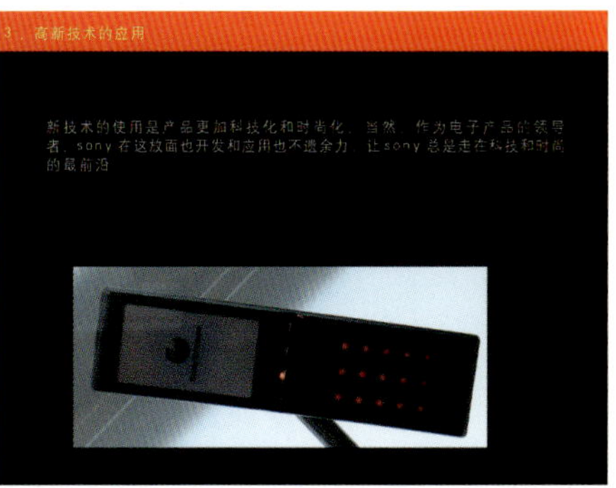

图 3－34

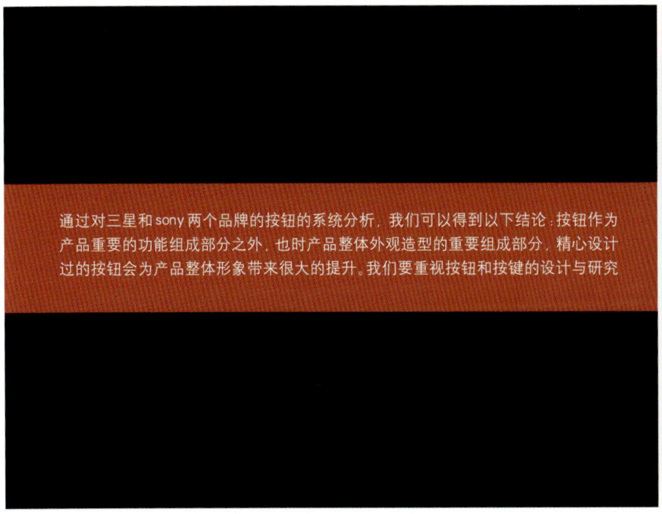

通过对三星和sony两个品牌的按钮的系统分析，我们可以得到以下结论：按钮作为产品重要的功能组成部分之外，也时产品整体外观造型的重要组成部分，精心设计过的按钮会为产品整体形象带来很大的提升。我们要重视按钮和按键的设计与研究

图 3－35

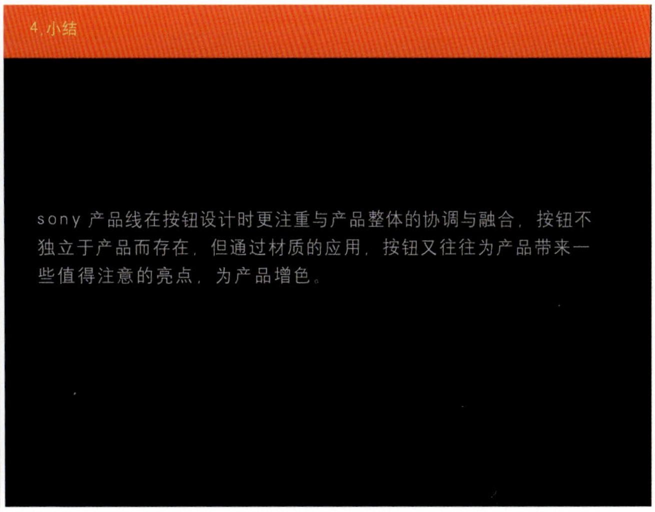

4.小结
sony 产品线在按钮设计时更注重与产品整体的协调与融合，按钮不独立于产品而存在，但通过材质的应用，按钮又往往为产品带来一些值得注意的亮点，为产品增色。

图 3－36

图 3－20～图 3－36 是长虹工业设计创新中心关于按钮设计的竞争对手的研究，从中可以得出对手的优缺点，进而在自身的设计中加以应用。对于初学设计的同学而言，每当要求进行市场调研时，很多同学无所适从，希望此案例能够给同学们一些启示。

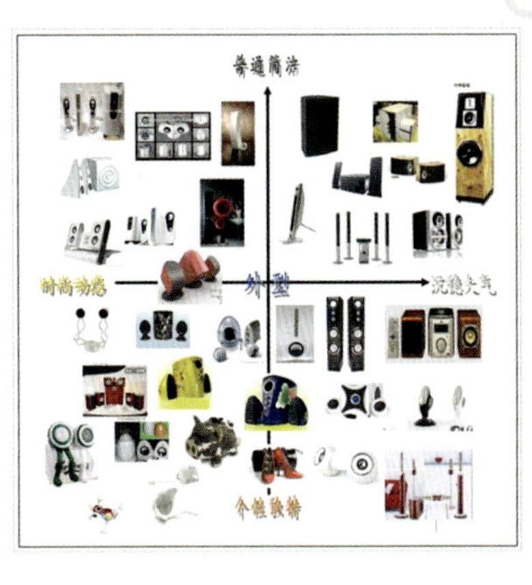

中低档音响的
相对坐标分析图
普通简洁
时尚动感
外型
沉稳大气
DESIGN PRODUCT SEMANTICS

图 3－37

中低档音响的
相对坐标分析图
（严肃）
冷
色彩
（明亮）
（活泼）
DESIGN PRODUCT SEMANTICS

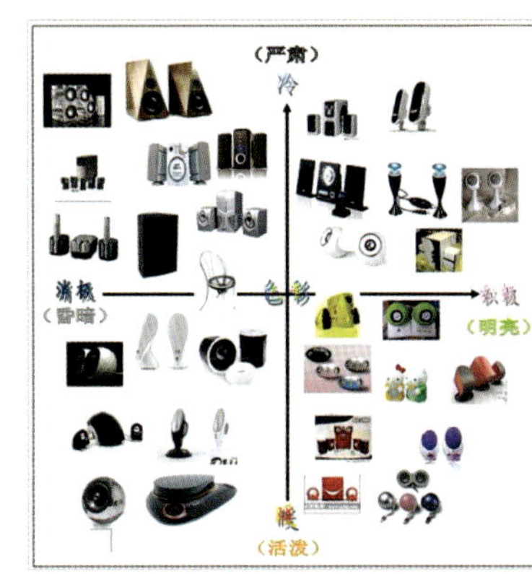

图 3－38

图 3－37、图 3－38 是对于现行市场上的音箱的一个相对语意坐标分析，从中可以更好的把握市场概况，便于设计创新和竞争策略的制定。

图3－39　各个功能模块和连接方式的不同便于造型和使用方式的创新，同时产品的机能也是制约造型的重要的技术条件。

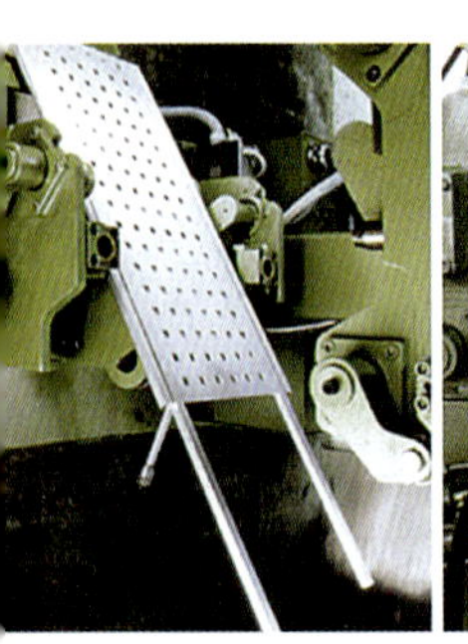

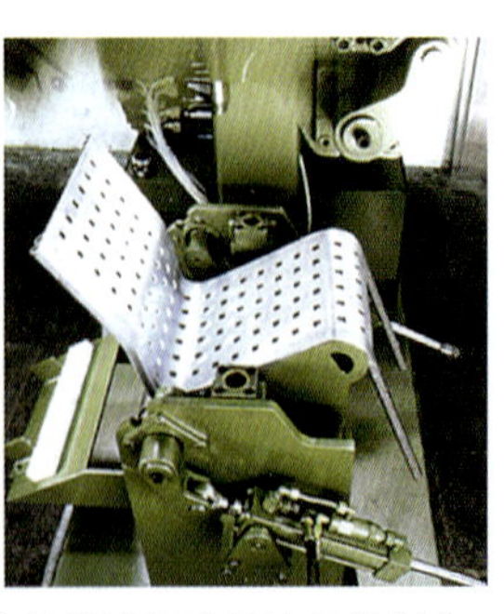

图3－40　成型工艺的因数往往能够帮助设计师的创意，好的造型需要良好的成型工艺，这也是设计师必须关心的问题。

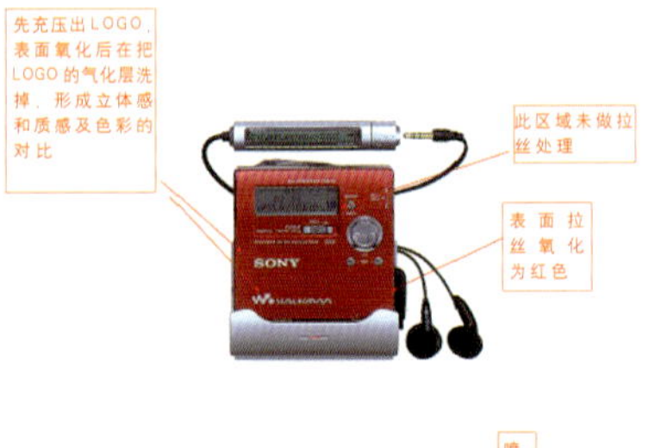

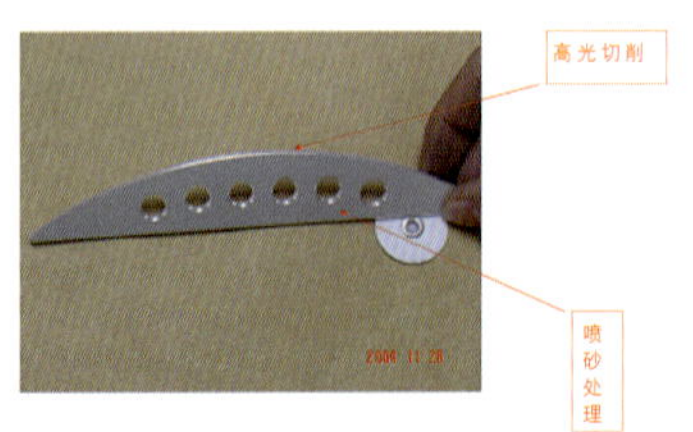

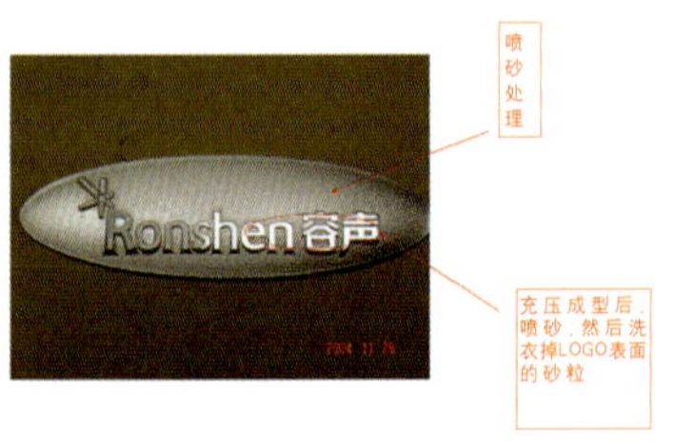

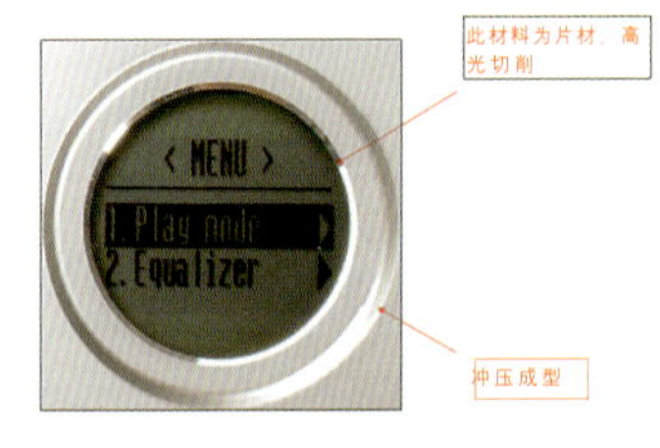

图3－41　展示了一些常见的表面处理工艺，当然对于这部分知识需要设计师做一个有心人，不断去观察和分析，不断地积累。现代产品设计越来越注重表面材质的处理，对于这部分知识的调研和积累，往往能在设计中起到事半功倍的效果。

三、产品机能因素

产品的形态差异，除非产品在功能上和结构上有大的变化，不然其主要的差别多表现在零部件组合的变化上。外壳的组合关系就是构成产品差异的关键，尤其是对那些由于新材料或新加工技术的改变与流行风格受社会进步而改变形态的产品，其形态的改变大多为组合的变化，也就是说，零部件的组合关系决定了产品的形象。　产品要达到预定的用途，在功能上必须保证不能有点滴的差错。若发生问题，如机床有较大的振动、洗衣机洗不干净衣物等，都必须从工学技术上寻找解决的方法，寻找新的依据，寻找新的组合原理，以求发挥最完善的产品功能。(图3–39～图3–41)

四、审美因素

美是一种可以唤起人的心灵和精神的，或是可以给人们的感官以愉悦的特质。“美”反映的是审美主体与审美对象之间，由审美对象作用于审美主体的一种心理感受，从这个角度去理解产品设计所创造的“形态”，包含了两层意思。所谓“形”通常指人们感官所感受的外形、色彩、质感等，通常其要传达给消费者的是一种功能上的美，如：人机尺度的合适、质感的舒适、形体的适用等。而“态”则是指蕴涵在物体内的“神韵”或是精神“势态”，往往带有一定含义和象征，或是唤起人们对某一情绪的体验。工业设计中的审美就是指产品的“外形”与“神态”的结合，这里“形”与“神”之间相辅相成的结合并不是简单的套用拼凑，而是要将某种“神”的精髓融入产品外在的“形”之中。中国画创作中的“形神兼备”也指出了“形”与“神”之间相辅相成的辩证关系。形离不开神的补充，神离不开形的阐释。

就产品设计而言，产品造型的目的是为了满足人类生理、心理上的需求，要使产品使用者感觉到产品的好用，使产品的观赏者感觉到产品的悦目，使产品的拥有者感觉到产品所象征的品味和格调。

产品审美由早期的机器美学所提倡的“形式服从功能”、“功能主义”的几何形态，“少就是多”的“盒子形态”，到人机工程学所提倡的“人性化”设计，再到符号学理论将地域文化、人文精神引入设计的探讨，形成了多样化、渐进式的审美世界。

但是，审美的多样化和渐进式，并不能代表其优劣区分的无法实现，其评价标准应由标识认知、整体性、拟人性所得到的形式美学和实际操作所得到的经验法则所组成，归纳整理起来大概有以下共同特征：

1. 产品整体造型与环境的和谐关系，其形态、色彩和材质所表现出产品的价值；

2. 整体造型是否清楚地表达产品的功能，是否符合其操作要求；

3. 产品的造型是否具有刻意性，是否表达明确的结构和造型原则；

4. 造型能否激起心灵上的共鸣，整体的表现能否引起使用者的兴趣、好奇和愉快的感觉；

5. 造型塑造的材料选用上，在生产时和将来报废回收处理上，要考虑对生态环境的影响。(图3－42～图3－52)

图3－42　该造型传达一种整体的力量感，象征着一种动与静的组合。

图3－43　"无线对讲机、手动讲故事机"飞利浦的儿童玩具在造型上大量的运用曲面，使其显得极为优美，同时造型中夸张的产品细节使产品充满了童趣。

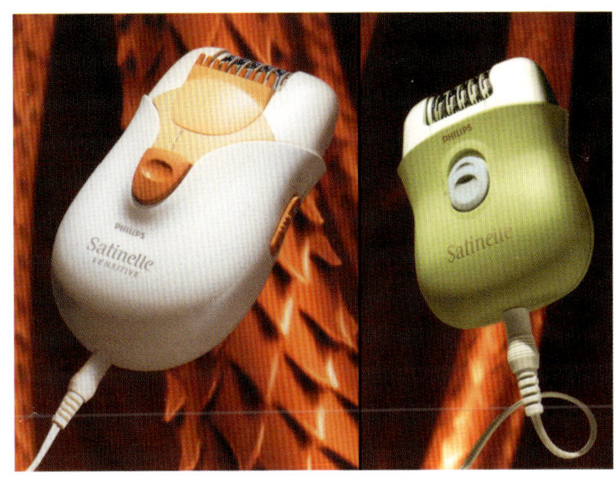

图3－44　剃须刀的仿生形态不仅体现着女性的优美，而且暗示产品的安全性功能，是对美与真的诠释。

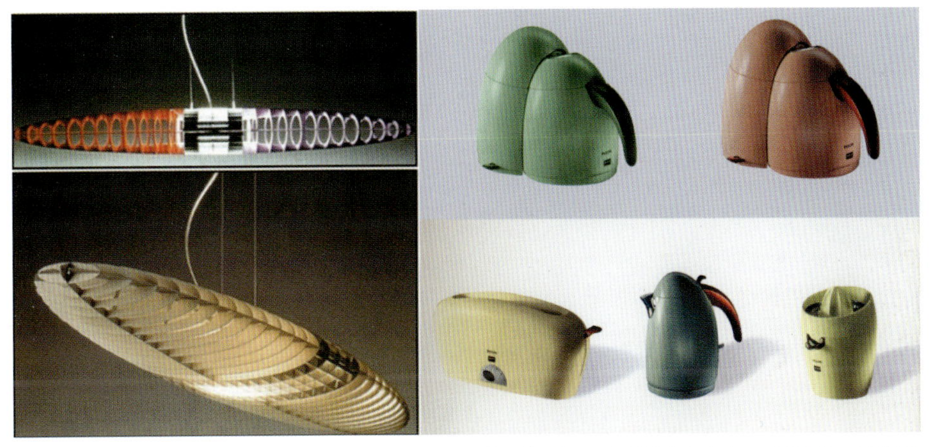

图3－45　塔尼娅吊灯和飞利浦小家电，表现出一种模糊的仿生形态，这就是模糊美的体现。

图3－46　块切割用以强调体造型，对一个或几个基本的几何形体进行切割，从而产生新的更复杂的形态和新的审美的趣味。

图3－49　扭曲，截面积变形。产品在截面积发生大小的变化，同时形状也发生变化，进而体现曲线美。

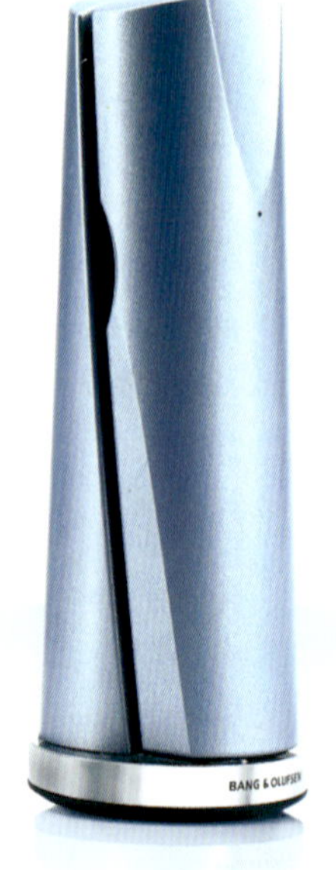

图3－47　切分，以面分体。将整个形体切分为几部分，以中分线部位形成形体变化，从而带来美感。

图3－50　线切割，强调小的线元素。在整块面板上进行小线形的切割，整体感、工艺感、精密感极强。

图3－48　曲面造型，使用仿生造型手法或从人机工程学角度研究，形成符合人体的自然曲面造型。

图3－51　勾勒轮廓，强调线造型。使用对比性强的线形材质勾勒轮廓，使得产品形态鲜明，精神饱满。

图3－52 靓丽的色彩能够给人一种亲切的感受，同时使产品显得可爱。

图3－54 四川美术学院05产品设计班安晓夏的作品（指导教师：皮永生）
其对重庆文化关于美女的理解，以及重庆人的性格文化特征中的耿直、豪放进行深入分析，由饮食男女入手，分析“食色，性也”即：对于美色和美食的追求确实是人类的本性。美女与美酒皆为人之所好，红酒的醇香，性感的美女，高贵与魅惑并存。

五、社会文化因素

工业产品如同人类社会上出现的其它器物一样，都是物化的、凝固的文化。自古以来，人们创造的各种劳动产品无不打上文化的印迹。如我国的陶瓷，从魏晋南北朝时的“青瓷”到隋朝的“白瓷”，从唐宋时精心设计的“三彩”到明清之际的彩绘陶瓷，都体现了中国古代不同时期的文化特征和文化潮流。美国社会预测学家奈斯比特（John Naisbitt）指出：“每一种新技术被引入社会，人类必然要产生一种要加以平衡的反应，也就是说需要产生某种高情感，否则新技术就会遭到排斥。”作为具有文化特征的审美设计活动是人类从精神上把握现实的一种特殊方式。从这个意义上说，设计产品首先是设计一种文化，将整个社会的行为方式和意识形态凝固到产品之中。

工业设计作为一种文化显示，使各国的设计都凝聚着属于自身民族的文化传统，同时又贯穿着属于不同时代的流行风貌，形成一种融合性的文化潮流，使不同种族、阶层和不同生活经历的人，能够通过体现优秀设计文化的技术产品交往，扩大人际间的沟通联系。

当然，人们消费观念的变化，已纳入文化价值观的变化范畴之中，人们对产品的选择往往表现出其社会地位、文化修养、审美意识和感情色彩等特征。许多优秀的产品设计源于设计的新思路、新观念，表现在对人类精神所把握的方向上等等。(图3－53、图3－54)

六、其他因素

除了以上因素外，我们在进行调研和分析时，诸如产品生产企业文化、时尚流行等，也是需要进行推敲和研究的。(图3－55)

图3－53 重庆工商大学设计艺术学院04工业杨立志作品（指导教师：皮永生）

图3－55 形态也是传达意义的载体，企业和设计师通过对产品形态的创造，把自己对产品的功能、操作、情感、品牌甚至企业形象的认识和想法都融入其中。

第三节 设计构思 创意方法

在设计调查和分析问题的基础上，设计师就应该针对存在的问题提出解决问题的各种设想，这种提出解决问题设想的过程就是设计想法产生的过程，设计师对设计进行构思的想法越多，获得好的设计方案的可能性也就越大。在设计过程中往往借用一定的创意方法，图解展开自己的设计构思。

要获得好的设计概念，除了要对所设计的产品进行深入细致的调查分析外，还必须在构思上下工夫。在构思时，要运用创造性的思维方式，尽量拓宽设计思路，要大胆突破传统观念的束缚。在整个构思过程中，设计师要始终明确以下几点：①任何设计都有改进的可能性。②设计并不是仅有一个答案。③不同的设计师站在不同的角度看问题，有着不同的解决问题的方案，有着不同的重点。④运用不同的材料、结构与生产技术可以产生不同的方法来解决问题。只有明确了以上几点才能扩宽设计师的构思思路，才有利于设计师在设计团队中发挥自己的设计才干，和谐设计团队，共同实现设计的目标。

产品设计常用的设计构思和创意方法有如下一些：

一、头脑风暴法

这是美国创造学家A.F.奥斯本于1901年提出的最早的创造技法，又称脑轰法、智力激励法、激智法、奥斯本智暴法，是一种发挥群体智慧的方法。(图3-56～图3-58)

还有一种与“头脑风暴法”相类似的创意方法，即：综摄法。又称“提喻法”、“集思法”或“分合法”，是w.戈登于1944年提出的，也可以说是“头脑风暴法”最重要的变种技法。在A.F.奥斯本的“头脑风暴法”中，思想的奇异性，是由“激智”小组里不同专家所进行的无关联类比来保证的，而“综摄法”则使“激智”过程逐步系统化。“头脑风暴法”在开会时，明确又具体地摆出必须思考的课题，而综摄法在开始时，仅提出更为抽象的议题。其基本方法是：在一位主持人的召集下，由数人至数十人构成一个集体，这些成员的专业范围较广泛，即需要互补型

与会人员：不超过10人

会议时间：大致在1小时之内

会议目标：要明确，事先有所准备

会议原则：

1、鼓励自由思考，设想新异

2、不允许批评其他与会者所提出的设想

3、与会者一律平等，不提倡少数服从多数

4、有的放矢，不泛空谈

5、力求将各种设想补充、组合、改进，从数量中求质量

6、及时记录、归纳总结各种设想，不做过早定论

7、推迟评价，把见解整理分类，编出一览表，再召开会议，挑出最有希望的见解并审查其可行性

图3－56　集体创意方法的一般的原则，一般是用于创意的初始阶段，寻找设计的突破口。

图3－57　头脑风暴法创意现场，图文结合的方式往往能收到更好的效果。

图3－58　在中荷教学交流中，由中方教师和企业专家带领中外学生应用头脑风暴法进行未来通信终端设计的现场。

人才。会上，课题提得十分抽象，有时仅为简单的词汇。例如，所委托的课题是要在车站附近开发自行车停车场。主持人一开始仅提出抽象的、极为简单的词汇——存放。小组成员就“存放”，发想出许多意见：“放进竹筒里去”、“流到池子里去”、“存到银行里去”……然后，主持人点出主题——开发停自行车的车场：小组成员根据上面种种发想，围绕主题就可得出许多方案。如：“放进竹筒里去”的发想，可启发为：①车站附近建塔式建筑存车；②月台下挖地洞行车；③河底装大塑料管存车等等。“存到银行里去”的发想，又可启发为：①在车站附近设存车处，按取车的时间先后分别归类；②用卡车先将自行车运到别处空地上，到时候再运回交存车人等等。

二、类比法

世界上的事物千差万别，但并非杂乱无章。它们之间存在着程度不同的对应与类似：有的是本质的类似，有的是构造的类似，也有的仅有形态、表面的类似。从异中求同，从同中见异，用类比法即可得到创造性成果。例如：从面包加入发酵粉能节省面粉并使面包体积增大、松软可口这一因果关系，可作因果类比。在塑料中加入发泡剂，生产出了省料、轻质的泡沫塑料。再从泡沫塑料因其多孔性而具有良好的隔热、隔音性能进行因果类比，在水泥中加入发泡剂，发明了省料、轻巧，隔热、隔音性能较好的气泡混凝土。(图 3–59)

三、联想法

联想法分为：“相似联想”、“接近联想”、“对比联想”。具体的、大脑受到刺激后会自然地想起与这一刺激相类似的动作、经验或事物叫做“相似联想”。如：从火柴联想到发明打火机；从毛笔写字联想到指书、口书；从墨水不小心滴在纸上会产生不同的形状，联想发明了“吹画”；从雨伞的开合，发明了能开合的饭罩。大脑想起在时间或空间上与外来刺激接近的经验、事物或动作，叫做“接近联想”。大脑想起与外来刺激完全相反的经验、动作或事物，叫“对比联想”。如：蒙戈菲尔兄弟从厨房生火的上空碎纸片会向上升起的现象，用纸袋做实验，发现纸袋内容纳了热空气，更易上升，遂将纸袋越做越大、越做越好。

图 3－59　意大利设计师兼评论家布兰奇也曾对时下这种流行的色彩和材料提出“软糖哲学(Sweet–jelly philosophy in design)”的观点，他认为这种色彩和材料让人联想起酸酸甜甜的感觉，打破了那种冷酷、生硬的感觉。其为类比法在产品设计中最生动的例子。

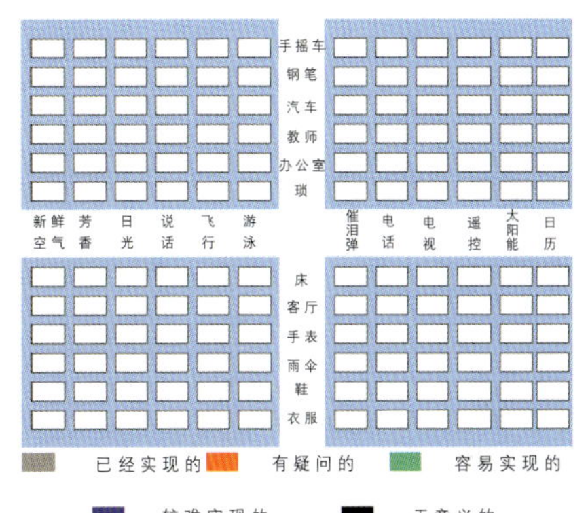

图 3－60　直角坐标组合联想法的直角坐标的构建，通过这样的坐标系，我们就可以把看似毫不相关的事物联系起来，交叉之后得到启发或者是直接的创意。

图 3－61　该产品是利用直角坐标联想法将档阻门和放废弃物的功能结合起来，同时还解决了废纸篓易倒的问题。

终于在1783年6月5日，在安诺内广场上进行公开表演。热气球用背面糊纸的布做成，直径33.5米，气球升空飞了2.5千米。9月19日，蒙戈菲尔兄弟又把一个巨大的、装饰得很漂亮的热气球送上天空，吊篮里还装了一只公鸡、一只羊和一只鸭。国王路易十六和王后玛丽·安东尼特地来观看。谁能想到，世界上这一项伟大的设计发明，竟来自碎纸片遇热空气上升的联想。

在工业设计中应用最为直接的是兼具三种方法特点而又有较强操作性的直角坐标组合联想法，这种方法是将两种不同的事物分别写在一个直角坐标的X轴和Y轴上，然后通过联想将其组合在一起，如果它是有意义并为人们所接受的，那么它将成为一件新产品。如，手表具有防水性能的，则成为潜水手表；具有计时性能的，则成为计时手表；具有电视性能的，则成为电视手表。这些组合均已实现，用灰色表示。再如，汽车具有说话性能的，则成为会说话的汽车，锁具有说话性能的，则成为会说话的锁。这两种产品在国外市场上已经出现，所以仍然记上灰色。如果汽车与太阳能结合，以太阳能作为动力，则将成为太阳能汽车，而实现这一组合，具有一定难度，用深蓝色表示。又如锁与催泪弹组合在一起，成为保险柜的锁，实现这个产品的难度不大，则用绿色表示。又如衣服与催泪弹、电话、电视等组合，没有什么意义，则用黑色表示。如此，便把由联想产生的许多东西进行分类，从而将那些值得去开发的联想展示在人们面前，从而促进新产品的创造。(图3—60、图3—61)

图3－62　将自然界中的一些原理或者元素借鉴移植到产品中，便于创造出新的功能与形式。图中所示便是应用移植的创意方法创造出的产品。

四、移植法

将某一领域里成功的科技原理、方法、发明成果等，应用到另一领域中去的创新技法，即为移植法。现代社会不同领域间科技的交叉、渗透已成必然趋势，而且，应用得法，往往会产生该领域中突破性的技术创新。如：拉链的设想，是美国发明家W.L.贾德森所提出，并于1905年申请了专利。其“开”、“合”功能，经一个世纪的发展，几乎渗透到了人类生产、生活的每个角落，成为20世纪重大发明之一。衣、裤、鞋、帽、裙、睡袋、公文包、文具盒、钱包、沙发垫……无处不见拉链。它目前又被移植到医疗、食品工业中。美国外科医生H.史栋，将拉链技术移植于人体胰脏手术后腹部的炎症处理，他将夫人裙子上用的一根18厘米拉链消毒后直接缝合于病人刀口处。医生可随时打开拉链检查腹腔内病情，使病人不必多次开刀、缝合，大大减轻了病人痛苦，康复率从此提高了，开创了“皮肤拉链缝合术”。食品工业中也出现了“拉链式香肠保鲜技术”，延长了保鲜期，便于出售及食用。(图3—62、图3—63)

图3－63　图中显示了苹果公司的网页界面与它的产品风格的相似，其主要应用了精神移植，将硬件的风格移植到了软件上。

五、优、缺点列举法

社会总在变化、发展、进步，永远不会停止在一个水平上。当发现了现有事物、设计等的缺点，就可找出改进方案，进行创造发明。小改良性产品设计，就是设计人员、销售人员及用户根据现有产品存在的不足所作的改进。其常用的价值分析方法，也就是分析产品功能、成本间存在的问题，设法提高其价值。故又可称为“吹毛求疵法”。如：1950年，英国人科克雷尔转从事造船业。在实践中他发现船体外表面与水之间产生的摩擦阻力以及船运动时所产生的波浪阻力，大大降低了船舶航行性能。这一缺点如何克服呢？他想：如将船做成一定的空船壳，想办法使船与水面间形成薄薄的一层空气垫，使船在水面上航行，则摩擦阻力、波浪阻力不就大大降低了吗？同时，他用两只洋铁盒做试验，发现用不同尺寸且底端开口的洋铁盒向下朝厨房用的天平上鼓风时，相同质量的空气通过小开口所产生的冲力不同。从此，他不断改进，终于设计制造了气垫船。1959年6月11日，SRN—1号气垫船横渡了英吉利海峡。利用气垫原理，还产生了一系列新型的交通运输工具。

一般来说一个产品的显著缺点主要有：

1. 不符合人体工学；
2. 使用不方便；
3. 不符合社会习惯与审美习惯；
4. 材料和生产工艺明显有问题；
5. 成本高，噪声大等；
6. 缺乏审美。

而潜在的缺点主要有：

1. 安全性，维修性，可靠性差等；
2. 缺乏可持续发展性；
3. 技术不先进，容易被淘汰；
4. 已经存在，但是尚未引起重视的缺点。

那么在产品设计中如何应用优、缺点列举法呢？其主要的步骤有：

1. 列出产品的特点（包括优点和缺点）；
2. 把特点进行分类（优点和缺点两类）；
3. 对缺点进行改良；
4. 检验优点中是否存在潜在缺点并进行进一步改良；
5. 在发现问题的同时可以把这些缺点进行延

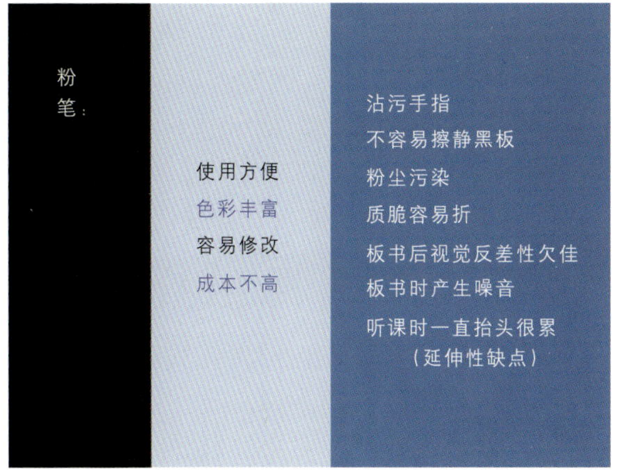

图3－64

改进想法：电子黑板、形状、体积和现有黑板类似，但能把黑板上的文字，在20秒内复制下来，并加以缩小。

图3－65

图3－64、图3－65列举了粉笔这一产品的优缺点，同时也提出了改进的想法，那么它的具体形式到底是怎么样的呢？希望同学们可以去思考，得出你的答案。

图3－66　太阳能的路灯就是通过现有路灯的一些不足而设计出来，白天吸收能源，晚上照明，是一种不错的改进。

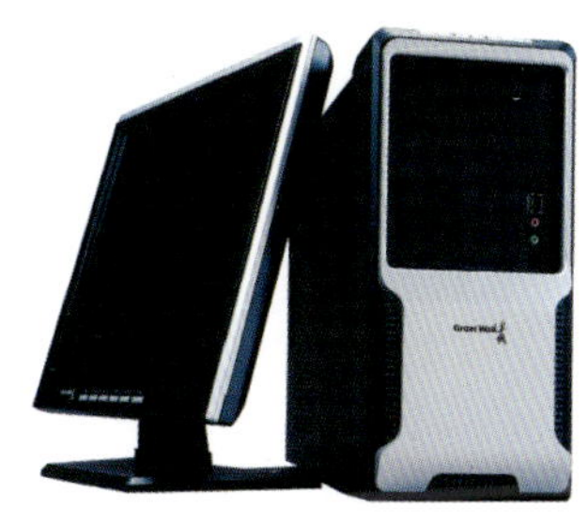

图3－67　电脑机箱电源开关在使用中的不便，促使其改变其方位，以适合其处于低处的放置方式。

伸，如延伸到与此产品相关的其他产品的缺点上。(图 3–64～图 3–67)

六、希望点列举法

希望点列举法和优、缺点列举法很相似，不过希望点列举法可按发明人的意愿提出各种新设想，可不受现有设计的束缚，是一种更为积极主动型的创造技法。如：莫尔斯发明了电报，但还需将文字译成电码，再由电码译出原文，有时还会译错、发错。人们就想：能否直接用电传送人的语言呢？经过不少人 20 多年的探索，1875 年 6 月 2 日傍晚，终于由贝尔实现了。电话的发明，大大改变了人们的生活方式。在实际应用中，人们又提出各种新的希望与要求：如果打电话时人不在，能否将电话内容记录下来呢？最好通话时能看到对方的形象。相隔遥远的两地．是否可以不通过长途台而直接拨号呢？电话机是否能不要电话线以便随身携带呢?等等。于是，录音电话、电视电话、程控电话、无线电话等相继问世。(图 3–68)

图 3－68　由固定电话到电话亭再到移动电话，无疑是人们希望随时随地进行实时沟通的需求所驱动的。

七、废物利用法

随着人们活动范围的扩大，生活水平的提高，废物越来越多。处理废物已成为人类一大难题，对生态平衡、环境保护的意义也相当大。在创新的思考中考虑到废物利用、变废为宝，将使创新的价值大大提高。如：本田技研工业最高顾问本田一郎看到第二次世界大战时小型发电机用的发动机在战争结束后失去用处而扔掉时，便想到是否可把它改装于自行车上，使之商品化。他不顾周围人的极力反对，廉价买进大量废弃发动机，获得了意外的成功。今天驰名全球的本田摩托车即由此发展而来。(图 3–69～图 3–73)

图 3－69　废弃物当中同样存在着美的要素，但是更重要的是要发现其中的实用性，延长其寿命，这是生态设计的要求，同样也是设计师的社会和历史责任。

花之椅 建筑垃圾的再利用设计

jian zhu la ji de zai li yong she ji

设计说明：

这是一款以废弃的建筑材料包装桶和建筑废弃垃圾为原料的公共坐具。把建筑碎土石放到桶里，在桶的四周切开的小洞可以种植花草。桶的表面进行喷漆防氧化处理，延长使用寿命。

把那些小桶加工成立式的单人坐具，大的进行部分切割再加工，做出两个平面，有利于放置和坐，在两头开口处，模块化的随意组合在利用中更加的自由方便。给小桶加个坐盖，更加舒适度。

坐具结构说明图：

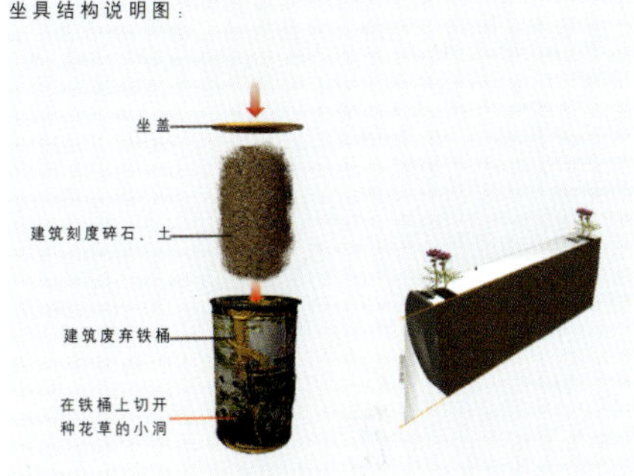

模块化组合方式：

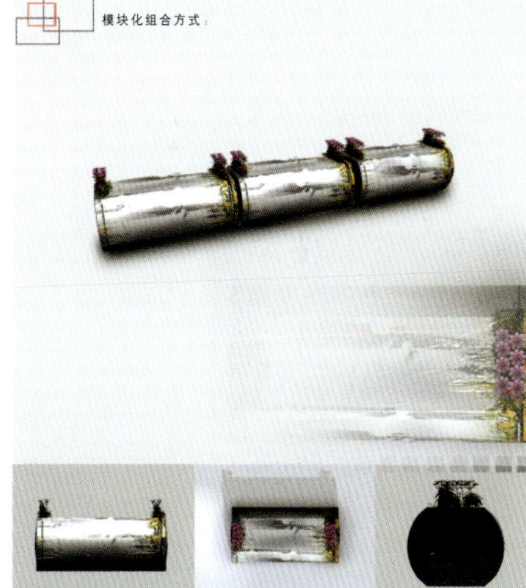

图3－70　由重庆工商大学设计艺术学院04工业余旭设计，该设计利用了废弃桶与建筑垃圾，设计为在广场上使用的坐椅。（指导教师：皮永生）

功能 Function　結構 Structure　概念 Concept

啤酒瓶吊灯

Chandeliers beer bottles

设计说明：

这是一款由废旧啤酒瓶设计改造而成的装饰吊灯组合，设计这款产品的主要原因是废旧啤酒瓶的材质分布广泛，加工成形技术难度小，装饰效果明显，受众人群广泛，可在多种环境下发挥装饰用途。

图3－71　由重庆工商大学设计艺术学院04工业欧阳先钰和陈赵雄设计，利用废弃的酒瓶改造以后设计为美观的灯具。（指导教师：陆冀宁）

积木DIY

● 利用家装剩材，培养孩子的空间想象能力，做个小建筑师．

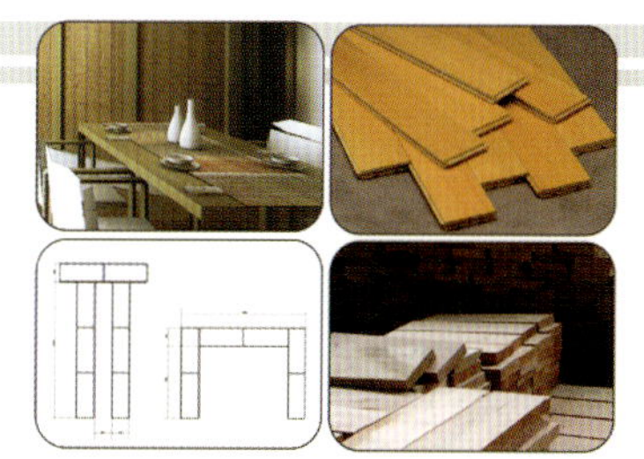

基本模块

由五块组成一套

● 这件积木玩具是由家庭装修剩下的木料做成的，利用模块组合的设计思想轻松的变废为宝。材料本身无毒无害，加工简单，适合幼儿使用，对于孩子的空间想象力与审美情趣的培养有很大帮助，是幼儿智力开发的好帮手。

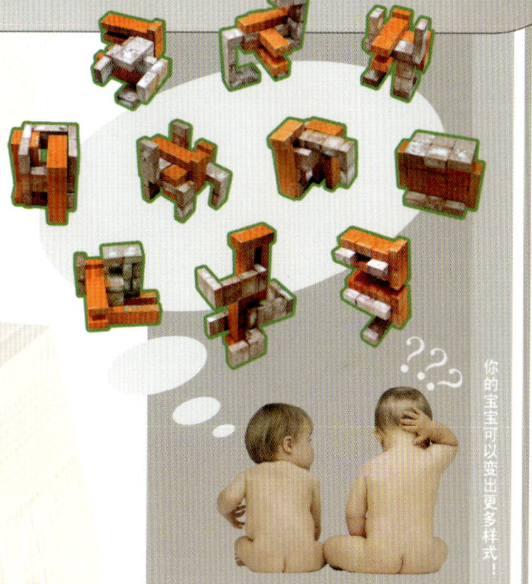

你的宝宝可以变出更多样式！

图3－72　由重庆工商大学设计艺术学院05工业江欣设计，该设计将装修余料经过处理，设计为简单的小孩益智积木。（指导教师：皮永生）

生态化设计

鞋的再利用

设计说明：

这是一个环保型的设计，利用废旧的鞋子做成种花的花盆。制作简单，比传统型的花盆重量更为轻巧，造型更为丰富。在保护环境之余还张显个性，适合摆放在家中的各个角落。

图3－73　由重庆工商大学设计艺术学院04工业陆维和武婧怡设计，该设计将不穿的鞋当做花盆使用，用于装点家居。（指导教师：陆冀宁）

八、专利利用法

全世界每年申报许多专利，而且其中发明的新技术有90%—95%发表在专利文献上。但我国目前专利真正发挥作用的还不足10%。因此，借用专利构思创新、设计开发，是创造发明的有用之法、成功之路。如：1845年英国人斯旺看到一份关于电灯泡制造的专利，从中受到启发，产生制造碳丝灯泡的设想。于1860年终于发明了第一盏碳丝电灯，并写文章发表于《科学的美国人》杂志上。爱迪生读此文章受到启发，从而制成了真正的实用化的电灯。如果不重视查阅专利文献，不仅会阻塞创新之路，也可能重复他人已做过的事情或已走不通的思路，白白浪费心血。1969年某地开始研究“以镁代银”技术，用作保温瓶的内镀层。经过10年获得成功，当鉴定时才发现英国早在1929年就已研究成功。重复他人40年前的劳动，使10年辛苦付之东流，是非常不值得的。

对于工业设计师而言，应该重点关注实用新型专利的查新工作，因为实用新型专利主要是将技术转化为实际的用途，对于工业设计师进行功能设计将提供不少的借鉴和帮助。

九、形态分析法

这是由在美国任教的瑞士天文学家F．茨维克创造的技法，又称“形态矩阵法”、“形态综合法”或“棋盘格法”。根据系统分解和组合的情况，把需要解决的问题分解成各个独立的要素，然后用图解法将要素进行排列组合。如可按材料分解、按工艺分解、按成本组成分解、按功能分解、按形态分解等。从许多方案的组合中找到最优解，可大大提高创新的水平。该技法通常步骤如下：

1.明确用此技法所要解决的问题(发明、设计)。如：要设计制造一种搬运物品的新型运输工具。

2.把要解决的问题，按重要功能等方面，列出有关的独立因素。如：经分析，某种新型运输工具的独立因素为：装载形式、输送方式、动力来源等。

3.详细列出各独立因素所含的要素。针对此例，列出明细表，并进行图解。

4.将各要素排列组合成创造性设想。此例可获取众多的组合方案。从中选出切实可行的方案再行细化。如方案很多，可用计算机分析。

在重庆工商大学设计艺术学院与荷兰Windesheim大学联合举办的工业设计教学交流活动中，荷方的Tom教授特别强调了这种设计创新手段，他以设计新型的浇灌花木的工具为例，给同学们展示了这一方法的具体应用，同时带领学生作了具体的创意。下面我们可以通过图片展示使同学们加深理解。(图3−74～图3−77)

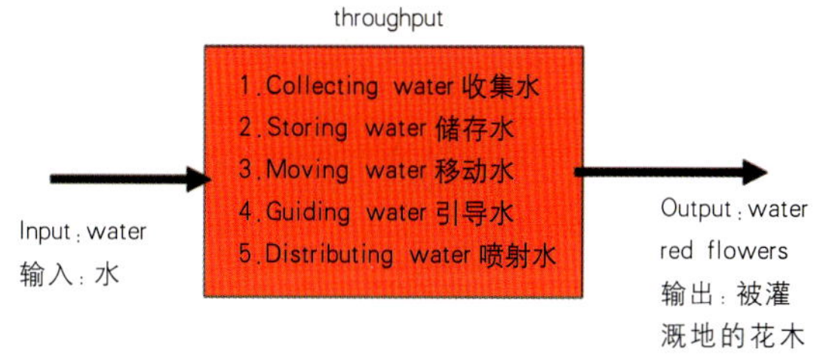

图3－74　具体分析浇灌花木工具的设计输入与输出

	Solutions 方案			
Functions 功能				
collecting water 收集水				
storing water 储存水				
moving water 移动水				
guiding water 引导水				
distributing water 喷射水				

图3－75　所制作的形态分析表格

Functions 功能	Solutions 方案			
collecting watr收集水	Rain 雨水	Tap 自来水	Bottle 瓶装水	River 河水
storing watr储存水	in a bucket 桶	in a bag 袋子	make ice blocks 制作冰块	use a sponge 海绵
moving watr移动水	carry by hand手提	guide through a pipe 管道	use a cart 手推车	
guiding watr引导水	use a pipe管道	ues a rope 绳子	use a chain 链条	
distributing watr喷射水	Sprayhead 喷头	revolving pipe 旋转管道	Spoon 勺子	

图3－76　列举出所有可能的解决问题的方案，在从中选出你想要的解决方法，如图中红线所示。

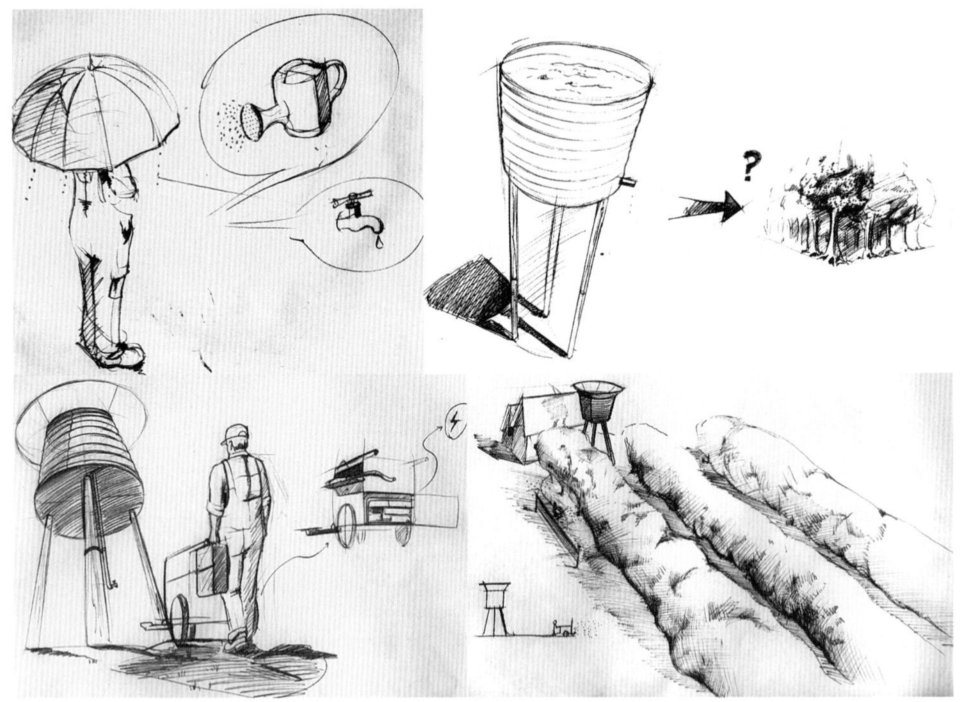

图3－77　重庆工商大学设计艺术学院05工业李林植同学所图解的设计方案。

十、设问法

设问法可围绕老产品提出各种问题，通过提问发现原产品设计、制造、营销等环节中的不足之处，找出需要和应该改进的方面，从而开发出新产品。有“5W2H法”、“奥斯本设问法”、“阿诺尔特提问法”等。而在产品设计当中比较常用的是“5W2H法”和“奥斯本设问法”，下面做一些介绍：

“5W2H法”是从七个方面进行设问。因这七个方面的英文第一个字母正好是5个W和2个H，故而得名。即：为什么要革?(Why?)革新的具体对象是什么?(What?)从哪些方面着手改进?(Where?)组织些什么人来承担任务?(Who?)什么时候进行?(When?)怎样实施?(How?)达到什么程度?(how much?)

“奥斯本设问法”大致思考如下问题：

1.稍微改动现产品会有新的用途吗?

2.能否利用其他方面的经验和设想?以前有类似的东西可以借鉴、模仿吗?

3.扩大、添加成分会怎样?高点、长点、厚点会怎样?

4.缩小、去掉成分会怎样?低点、短点、薄点、小点、轻点、分解开会怎样?

5.能否将产品变动?组合?改变运动方式?能代用吗?有其他制造方法吗?

6.改变顺序、要素、因果关系、步骤、基准会怎样?

7.反过来、上下倒置、反向运动、改变转向会怎样?

8.功能、目标、设想、部件、材料等能否重新组合?

同时，“5W2H法”同样可以作为创新产品的设计方法，只是所思索和追问的问题有所不同，其字母的具体含义也不一样。在创新设计中其含义为：WHY——为什么要进行这个设计，WHO——什么人使用，WHEN——什么时候使用，WHERE——在什么地方使用，WHAT——什么产品或者服务，HOW——如何使用，HOW MUCH——产品或者服务的价格。对于这七个问题的不断思索和回答的过程就是对于新产品概念不断形成的过程。(图3－78～图3－80)

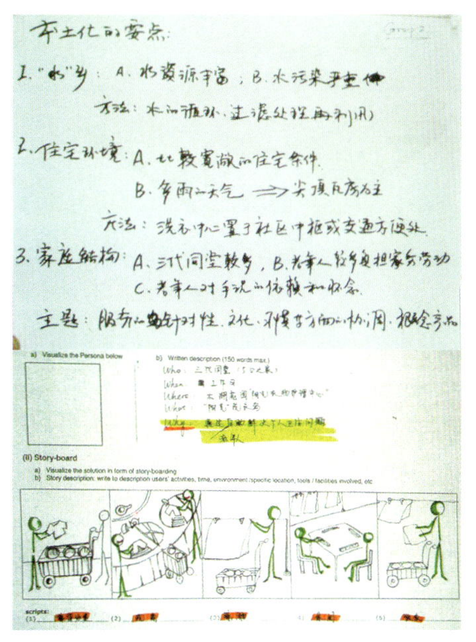

图 3－78　香港理工大学和江南大学设计艺术学院联合成立的产品系统设计工作室上，要求大家用“5W2H 法”结合后面要讲到的剧本引导法进行新的“洗衣”系统的设计。

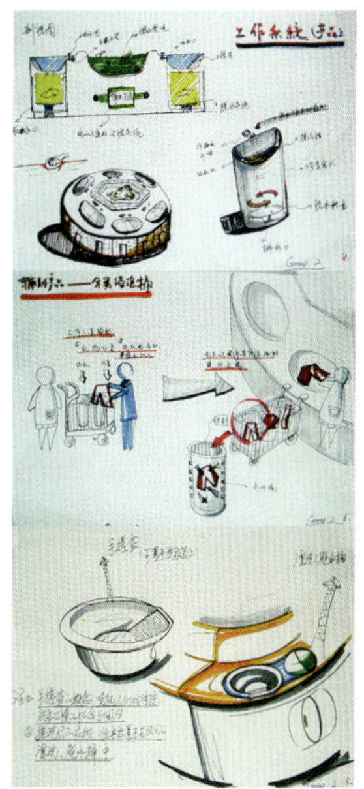

图 3－79

图 3－80

图 3－79、图 3－80 是按照“5W2H”的构思，将想法图解化，以便再具体细化到系统中所需要的每一个产品。

十一、检核目录法

每一个设计、创新，可包括的方面很多，而每一方面又都具有独特的含义、内容，这样，创新的思路亦各有所长、各有所异。检核目录法即针对某一方面的独特内容，把创新思路逻辑地归纳成一些用以检核的条目，使思路系统化，克服漫无边际的遐想，有效地帮助人们突破原有设计而进入新境界。缺点方面一般难以取得较大的突破性成果，往往用于改良性产品设计等方面。(图 3－81)

转　化	如电吹风不但可以吹发型，还可以用来烘干食品、干燥被褥、消灭蟑螂等
引　申	有别的东西与之相似吗？可否由此想出其他东西？能否将此引入于其他东西中或做相反的引申。
改　变	改变原有的形状、颜色、气味、形式、结构、功能等，会有什么效果？还可有什么改变？
放　大	在这些东西上另加写什么，从而改变其性能和用途可以吗？加强一些、高一些、长一些等行吗？
缩　小	在原有的东西上减少些什么会怎么样？变小、变低、变短、变轻……会有什么结果？
代　替	有没有其他东西可以代替现有的东西？或代替其中的一部分、某种成分、某个过程……？
变　换	构件能否更换顺序？变一下模式、序列、布置形式、因果关系、速率、时间、材料等会有什么结果？
颠　倒	可否颠倒、反转使用？
组　合	现在技术能否组合成新产品？

图 3－81　表中是检核目录法的具体内容，该方法容易帮助设计者理清思路，使创意过程变得有条理。

十二、KJ 法

这是日本筑波大学川喜田二郎教授首创的，以其姓名的首字母命名的、以卡片排列方式进行创造性思维的一种技法。此法的要点是将基础素材卡片化，通过整理，分类比较，进行发想。(图 3－82、图 3－83)

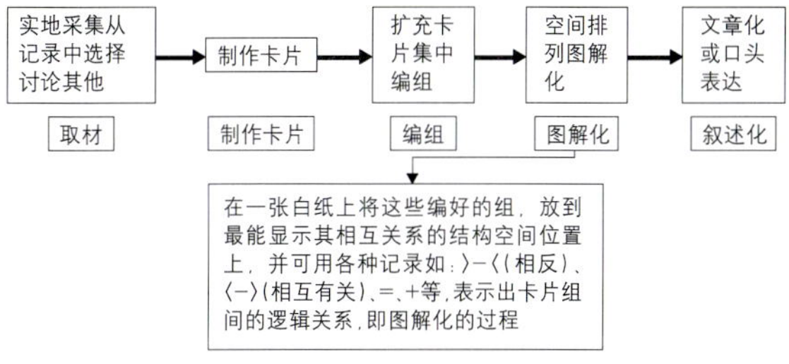

图 3－82　为 KJ 法中卡片的制作与归纳过程，以便从中找到设计的突破点。

图 3－83　在日本千叶大学釜池光夫教授所教授的 KJ 法设计培训班上，学员们提出了对未来汽车的想法，并进行了归类整理，以便形成系统化的想法和创意出发点。

十三、功能思考法

该法以事物的功能要求为出发点，广泛进行创新思维，从而产生新产品、新设计。任何产品、工艺或组织形式等，都是为满足某种需要而产生的，而“需要”，最根本的是功能。抓住功能即抓住了本质。如：为了使旅游时舒适，针对人走路的特点，设计了旅游鞋；为使鞋还具有按摩的功能，又设计出了按摩鞋。纺织女工长期从事行走、站立劳动，容易造成脚部损伤，针对这一点，专门设计生产了新型女工健步鞋。用抗菌布作帮里及鞋垫，有杀菌、除臭、去湿作用；设计上对保护脚部免受损伤还有新突破，具有柔软、轻便、耐磨、防滑等特点的鞋，纺织女工使用后普遍反映舒适、无疲劳感。(图 3—84)

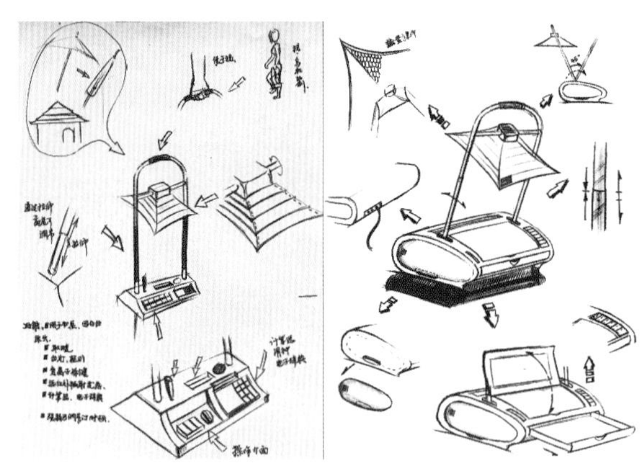

图3－84　由重庆工商大学设计艺术学院05工业伏文顶设计，其中考虑了冬季在台灯使用过程中有对手部进行加热以取得合适的温度的功能要求，而将这一功能附加给台灯，得到图示的设计，同时也加入了其他的一些附加功能。指导教师：皮永生

十四、灵感法

灵感法是靠激发灵感，使创新中久久得不到解决的关键问题获得解决的创新技法。其特征是：突发性、突变性、突破性。它是突然闪出的领悟，是认识上一种质的飞跃。如：A.C.贝尔发明电话的试验从 1873 年夏天就开始了。但日复一日，过了两年，无数个方案均遭失败。有一天夜里，助手沃特森请他聆听窗外隐隐传来的吉他弹奏声。贝尔听着听着，忽然跳起来朝沃特森猛击一拳，“有啦！有啦！沃特森，你真行呀！”。原来，他们以往设计的送话、受话器灵敏度太低，声音微弱得难以听到。他们从吉他的共鸣中获得了灵感，当即拆了床板做助音箱，连续三天改进装置，终于在 1875 年 6 月 2 日傍晚成功了。

十五、机遇发明法

机遇，被称为“发明家的上帝”。重大的设计、创造，有时需“运气”，靠“机遇”。当然，机遇只投向寻找它的人的怀抱，即靠创造性的艰苦的劳动。“机遇”是指由意外事件导致的科学发现、艺术创造、产品设计。它的基本特征是非预测性、非意料性。如：橡胶硫化法的发明就是十分偶然的。固特异不小心将做试验用的橡胶掉到实验室桌下的硫黄上。他本来想将粘在橡胶上的硫黄清除，但已渗入，难以除去，心里真不痛快，但他却无意中发现粘过硫黄的橡胶却有了前所未有的优异弹性，不像原先那样冷时硬，热时粘。一种橡胶硫化的新方法由此产生，从而奠定了橡胶工业的基础。再如：一位东北的科学工作者，有一次将洗洁精剩液倒入了牛粪。这纯粹是无意识的偶然行为，但结果发现牛粪不臭了。由此，发明了一种治狐臭的药水。一位饲养生猪的农户不小心将废沼气液错倒入猪食槽，结果猪却很爱吃。在作了吃与不吃废沼气液的对比实验后，发现吃沼气液的猪两个月多长了15千克。这一“机遇”，使利用废沼气液养猪的方法产生了。

十六、逆向发明法

逆向发明法又称“负乘法”、“反面求索法”等。是从常规的反面、从构成成分的对立面、从事物相反的功能等考虑，寻找新的设计、创新的办法。如：金属腐蚀本身是一件坏事，但利用腐蚀原理却发明了刻蚀、电化学加工工艺，也产生了不锈钢。驾驶员的眼睛如一会儿向前看，一会儿向后看，容易疲劳、出事故，用反光镜解决了看后面东西的矛盾。电冰箱有了冷冻室确实很实用，但如果来了客人想做菜，化冻来不及，利用逆向发明法，设计出了带有化冻室的电冰箱。

十七、模仿创造技法

模仿创造技法是指人们对自然界各种事物、过程、现象等进行模拟、科学类比(相似、相关性)

而得到新成果的方法。所谓“模拟”，就是异类事物间某些相似的恰当比拟，是动词性的词。所谓“相似”，是指各类事物间某些共性的客观存在，是名词性的词。

人的创造源于模仿。大自然是物质的世界、形状的天地。自然界的无穷信息传递给人类，启发了人的智慧和才能。高楼大厦源于“鸟巢”、“洞穴”；飞机的原型是天空的飞鸟……从人造物的最基本功能来看，都源于自然界的原型。(图 3–85、图 3–86)

图 3–85　是由德国设计师克拉尼应用仿生设计进行的交通工具的设计，他认为自然界中不存在绝对的直线，他的设计中均采用富于生命力的曲线。

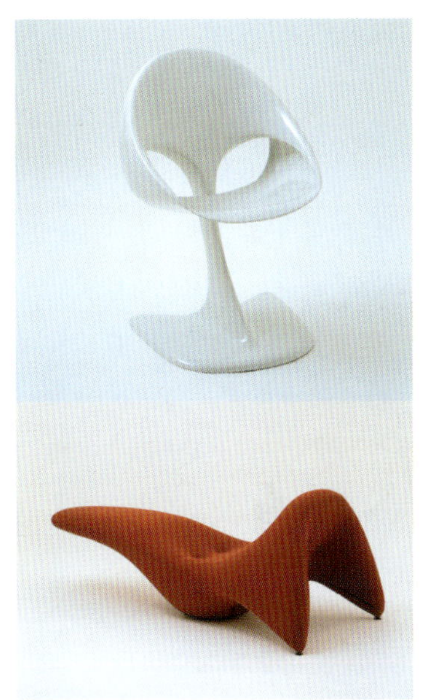

图 3–86　是由德国设计师克拉尼应用仿生设计进行的坐具设计，强烈的传达出该产品的功能和使用方式，让使用者一看便明白其意义。

十八、坐标分析法

用两组或多组反意词来建构关于产品描述的语意构成空间或者以时间为依据建构产品的发展趋势，从而形成直观的图像，有利于找到新设计的创意点。(图 3–87)

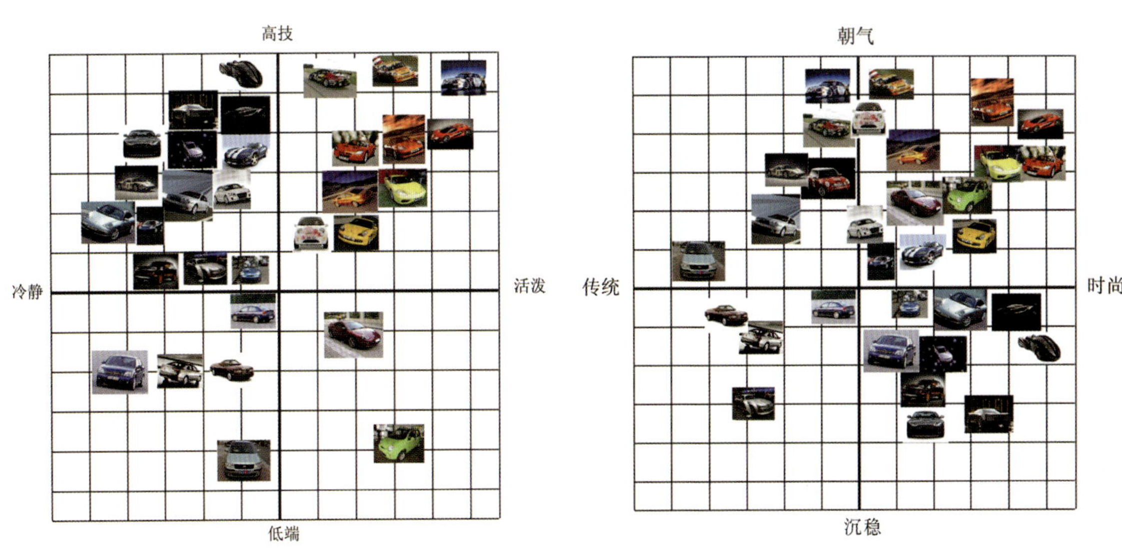

图 3–87　重庆工商大学设计艺术学院 04 工业谢天华同学在做汽车造型之前，对市场上的汽车进行了相对语意坐标的分析，从中可以看出在有些区域汽车的分布比较密集，有些区域则相对较少，进一步分析其原因所在就能帮助设计师制定其造型风格策略，是对密集区域的竞争还是对于稀缺区域的填补，就取决于公司的整体策略和设计师的敏感性了。

十九、剧本导引法

以第一人称方式进行设计，在使用场景中考虑“事”与“物”以及“产品”与“服务”的设计方法。

基本步骤：先想好真实的主角和故事的4、5个主要场景，再开始下笔，针对选好的主要场景撰写故事，透过叙事来发展对策。深刻地体验基本故事，想想在此情景下，人、事、物可能发生的问题，并加入议题灵感。(图3−88～图3−91)

图3−88

图3−89

图 3－90

图 3－91

图 3－88～图 3－91 为重庆工商大学设计艺术学院 06 工业一班高瑞敏同学用第一人称的剧本导引对情调生活的书架及其附属设施的一个需求推演过程，比较直接和生动的推演设计创意。在创意中常与“5W2H 法”结合使用。

二十、创意方法小结

上述为产品设计中的常用方法，同学们在学习中应该深入理解综合应用，一般来说，一个成功的设计往往是多种设计方法的综合而得到的结果，设计师本身的综合素质、意志品质以及“眼、手、脑”的协调性等在其中起到了关键性的作用。(图3—92、图3—93)

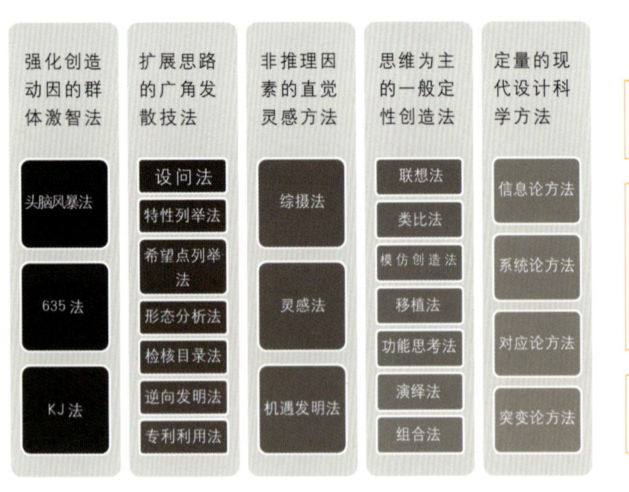

图3—92　设计方法的分类，同学们可以在每一类中选择一些适合自己的方法进行强化练习

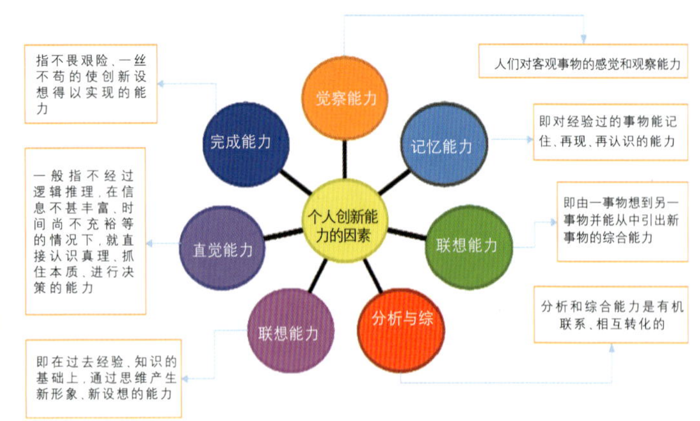

图3—93　创意型人才所需要的能力

第四节　概念展开　图解思考

图3—94

概念展开与图解表现在整个设计流程中占有十分重要的位置，它是设计师将自己和团队运用的各种设计方法，在设计构思阶段形成的各种抽象的概念变为具象的一个十分重要的创造过程。它实现了抽象思考到图解思考的过渡，同时图解化的方式，更有利于设计师进行方案的形象思考，它是设计师对其设计的对象进行推敲理解的过程，也是在综合各种设计制约和可能的基础上的造型解决。

概念展开和图解思考在各个行业都有所应用，而在工业设计领域主要表现为设计草图。在设计草图的画面上，往往会出现文字的注释、尺寸的标定、颜色的推敲、结构的展示等等。这种理解和推敲的过程是设计草图的主要功能，也正是在概念展开与图解思考阶段我们要达到的目的。

优秀的设计师都有很强的徒手表达能力，能迅速地将抽象的问题，依靠图画形象加以解决。

从草图的功能上可分为记录草图和思考类草图。

一、记录草图

作为设计收集资料和进行图解思考整理用。该类草图一般十分清楚翔实，而且往往画一些局部的放大图，以记录一些比较特殊和复杂的结构或是形态。这类草图对扩宽设计师的思路和积累设计经验有着不可低估的作用。特别是对于刚刚学习设计的年轻的设计师。(图 3–94～图 3–101)

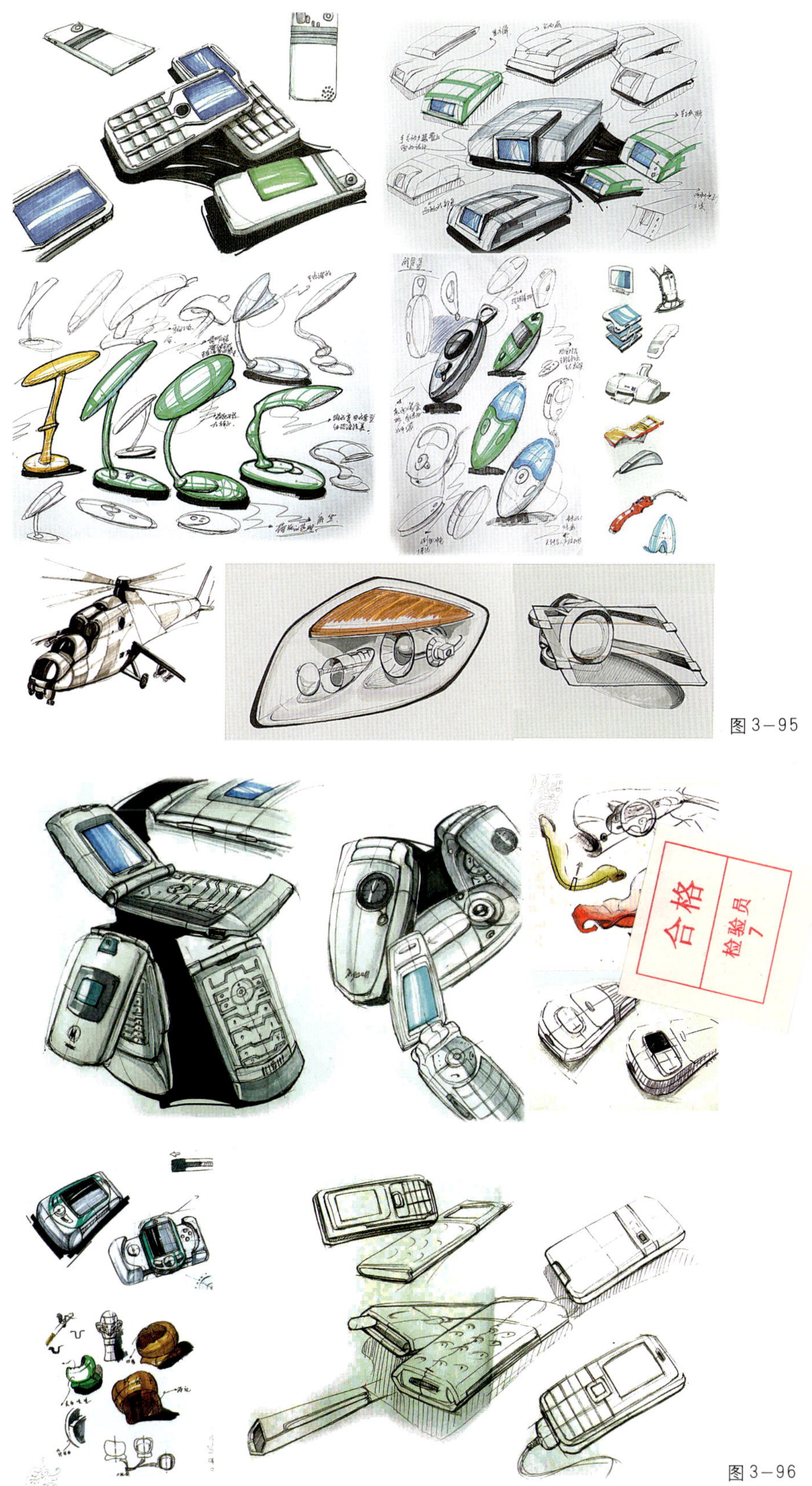

图 3–95

图 3–96

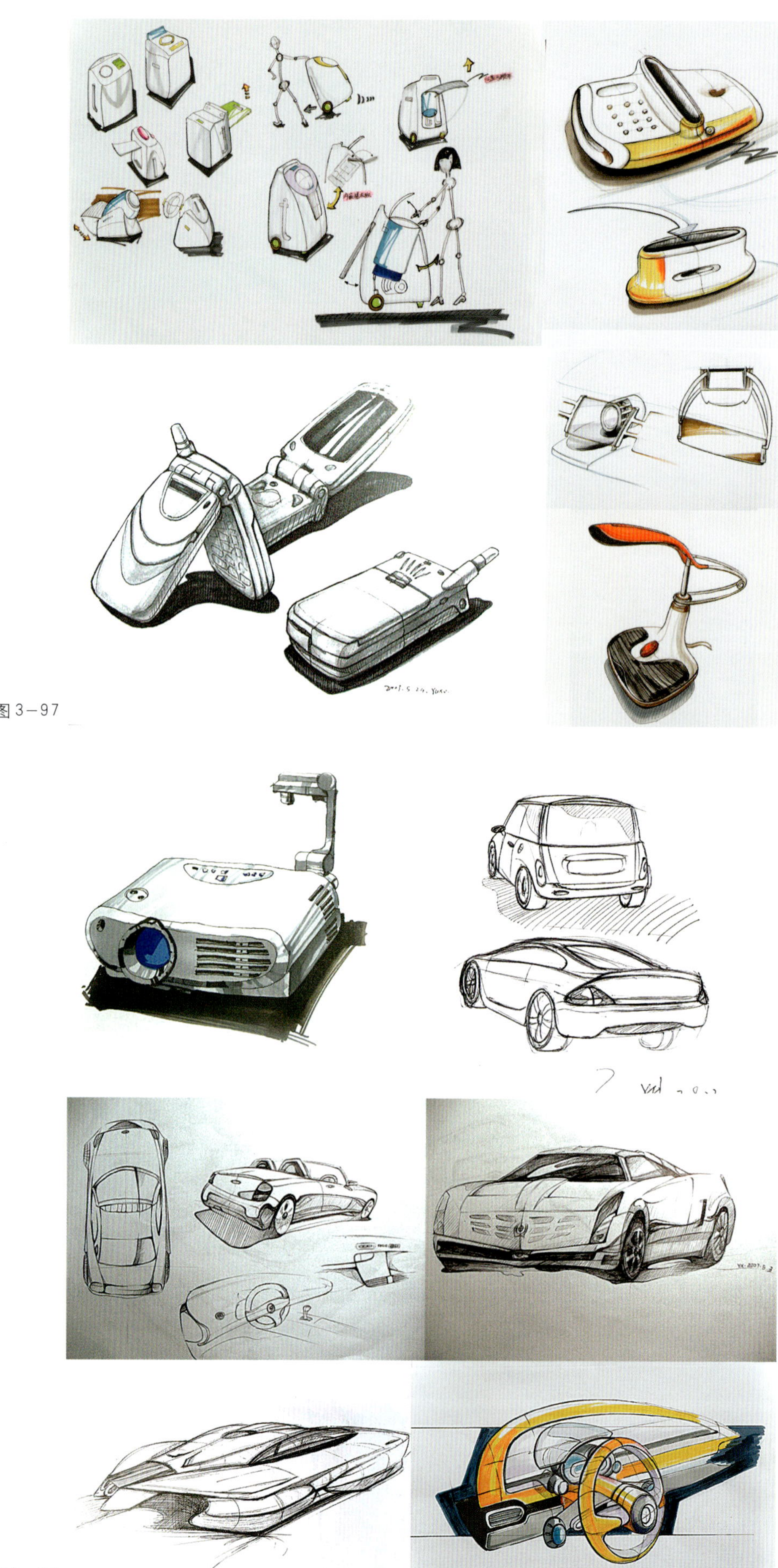

图3—97

图3—98

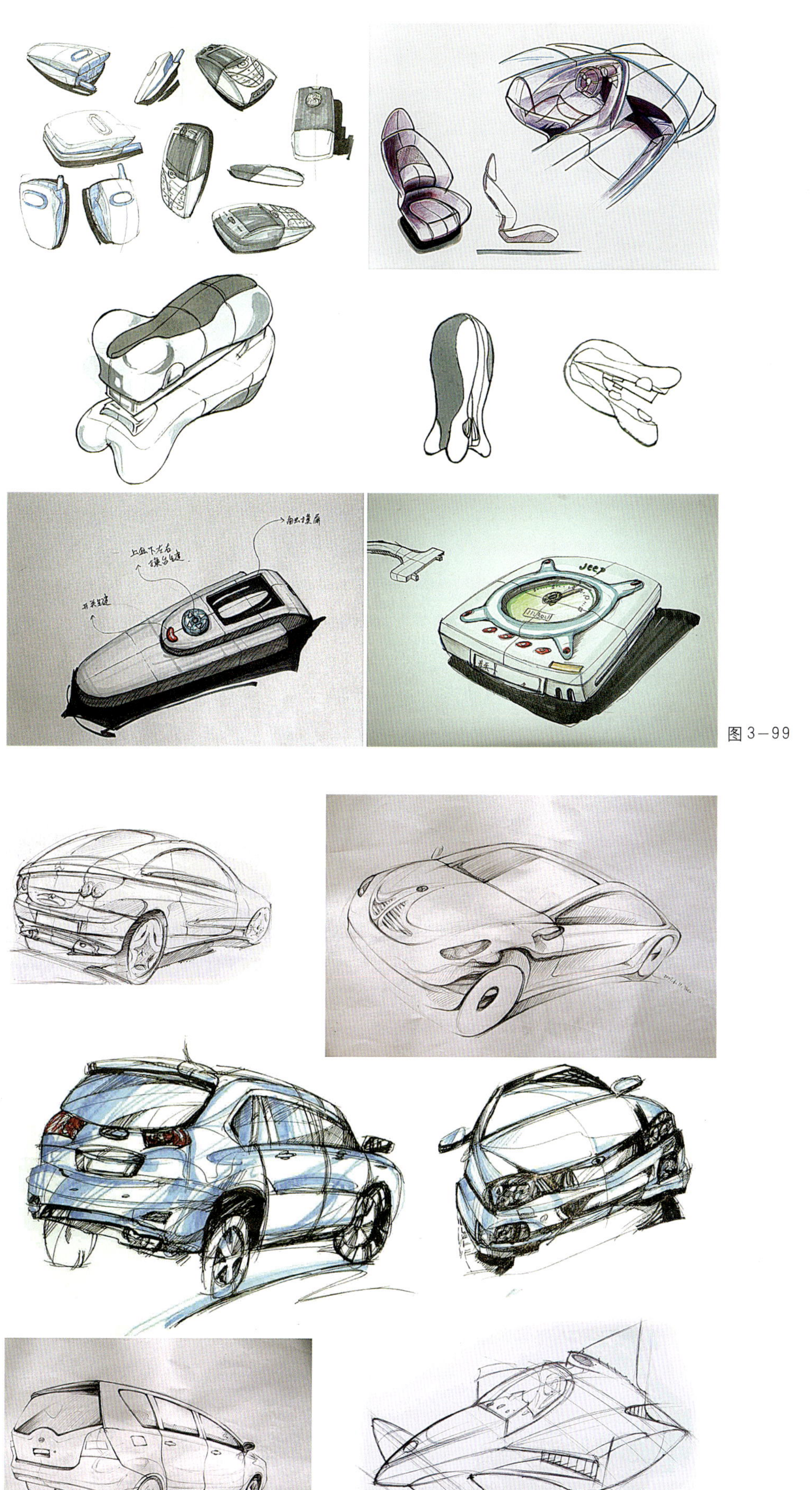

图 3—99

图 3—100

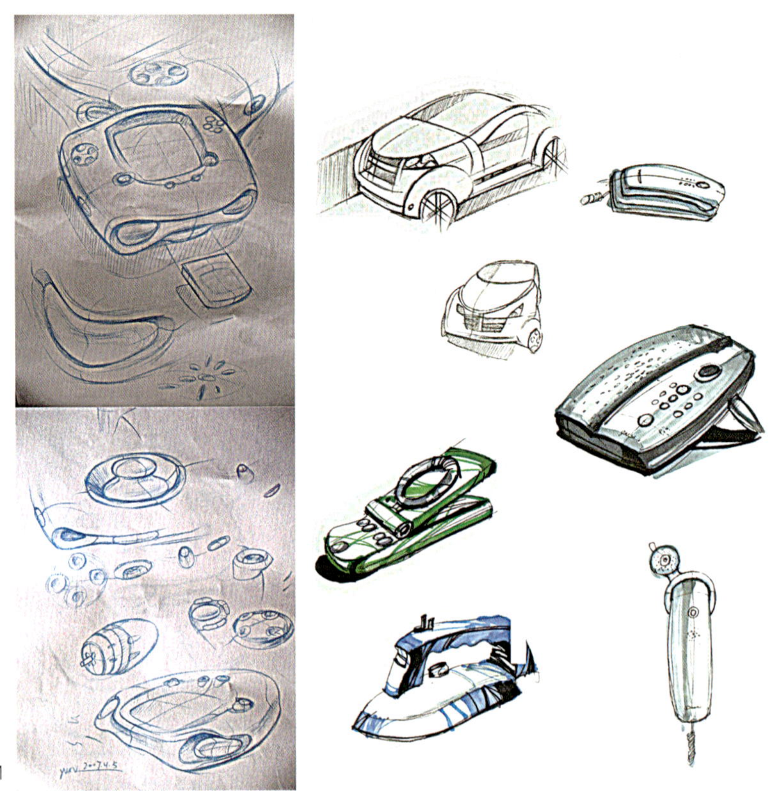

图 3－101

图 3－94～图 3－101 是重庆工商大学设计艺术学院 04 工业的杨立志、余旭、谢天华、黄锦文、何祥超等同学在学习过程中的一些记录草图的练习。

二、思考类草图

利用草图进行形象和结构的推敲，并将思考的过程表达出来，以便设计师之间的交流及后续的构思再推敲和再构思，这类用途的草图被称为思考类草图。

这类草图更加偏重于思考过程，一个形态的过渡和一个小小的结构往往都要经过一系列的构思和推敲，而这种推敲靠抽象的思维往往是不够的，要通过一系列的画面辅助思考。

设计草图是设计师同设计伙伴和设计委托人之间交流信息的手段。设计草图的绘制无论在方法和尺度上都是多种多样的，往往同一画面里既有透视图、平面图、剖面图，又有细部图，甚至结构图。

构思草图的表达大都是片断式的，显得轻松而随意。但是就产品设计而言，构思一般需要图解为三个层次，即：远距图解、中距图解和近距图解。

1. 远距图解

从整体的角度检视轮廓、姿势及被强调的部分等，不需要太在意细节，只要清楚地将你要表达的东西表达出来，因为建立创意雏形是非常重要的。

有些人在开始进行创意时就直接从细部着手，这样做是没有意义的，不利于我们从整体全局去把握设计。我们在创意的初期，刚刚开始构思，对设计的大方向还不够了解的时候，不是画出粗劣的简图来解释设计的细部，进行构思的目标是建立立体的形象来解决我们所遇到的实际设计问题。初期的构思很难了解到细部的轮廓或是图样，只能从立体的整体形态中去把握。（图 3－102～图 3－104）

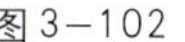

图 3—102

图 3—103

图 3–104

2. 中距构思图解

这部分将检视立体的成分与面的构造，决定物体的特征线及图样，表现出体量感，以便进行细致的构思推敲。(图 3–105～图 3–108)

图 3–105

图 3–106

图 3–107

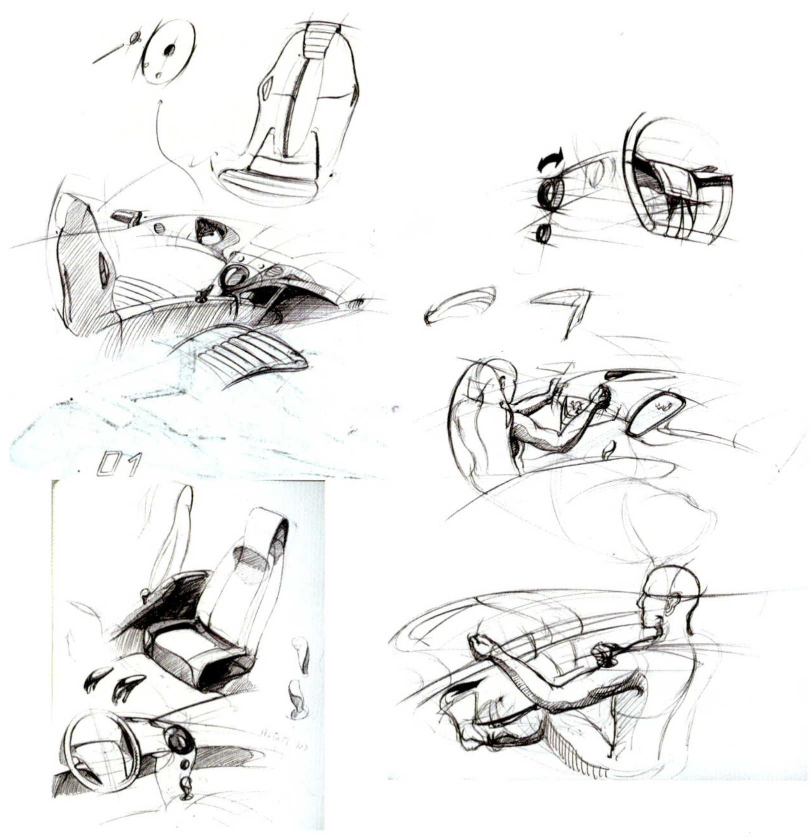

图 3—108

3、近距完整构思图解

这个距离就是展示距离或使用距离，这时物体的角度变化非常大。表面的精致线条、配色都能被觉察，质感也比较强烈，细部的处理容易被感受到。在这个距离中，设计者使精心设计的元件展现魅力而产生最佳的整体效果。(图 3—109、图 3—110)

图 3—109

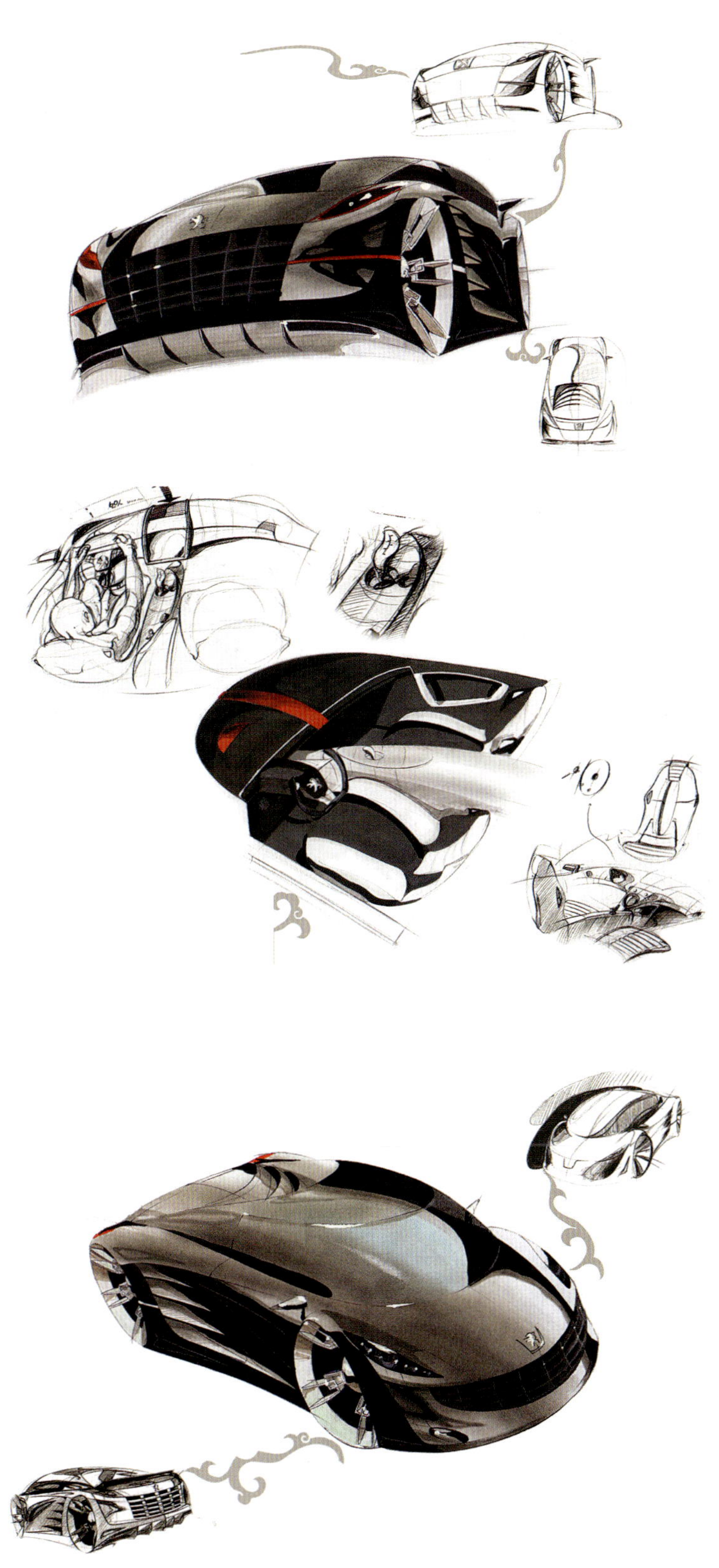

图3－110

图3－102～图3－110是重庆工商大学设计艺术学院05工业李林植同学在一款跑车造型设计中草图过程中各个阶段的重要节点，把它分列出来，以便同学们较好的认识草图的构思过程。

为了使同学们加深对概念展开和图解思考的理解，结合设计构思与创意方法，提供以下在教学中的实际设计过程，供同学们参考以及融合所学知识。(图 3−111 ~ 图 3−123)

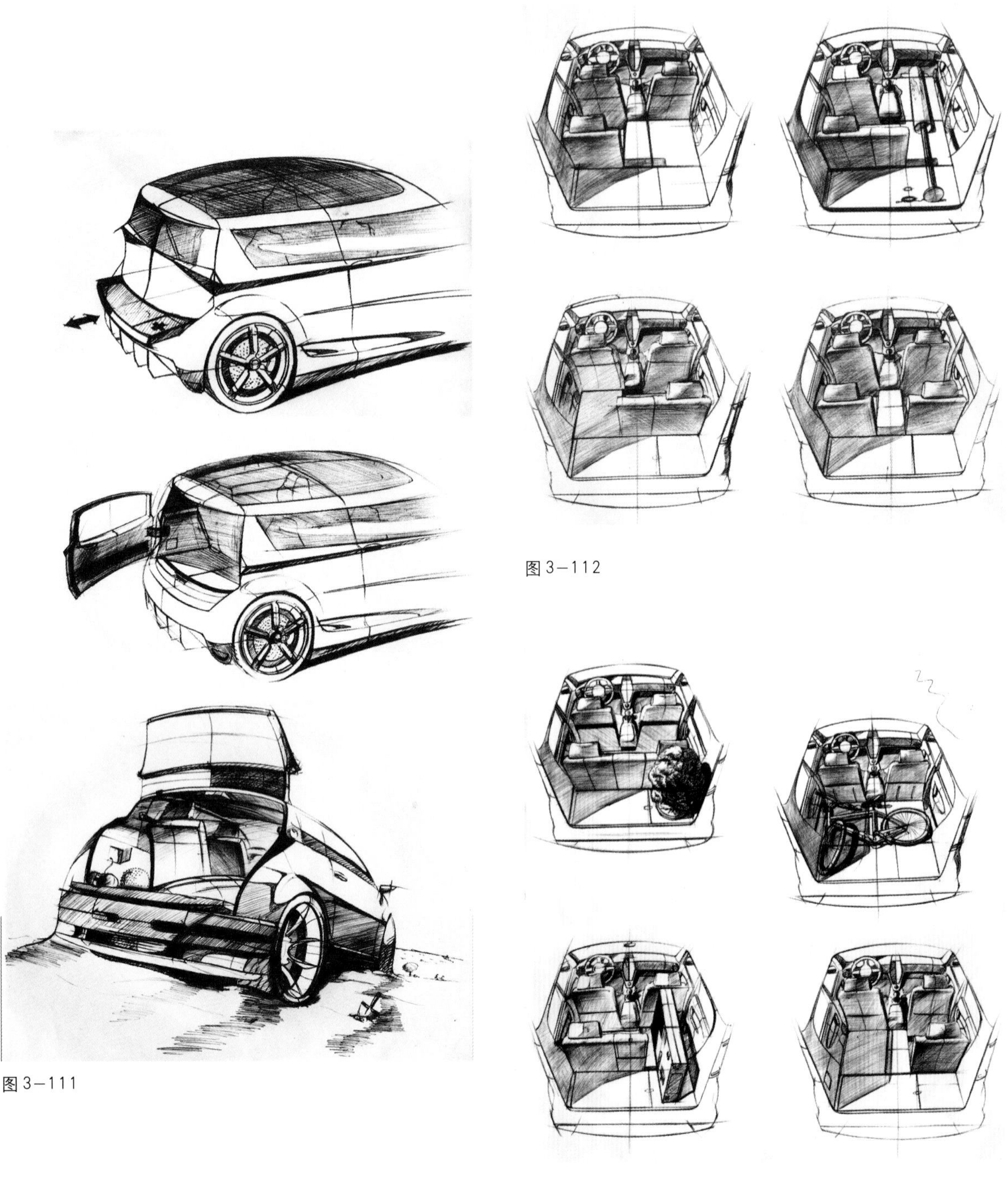

图 3−111

图 3−112

图 3−113

图 3−111~图 3−113展示了“SUV”的设计过程，特别对汽车内部空间的利用提出了新的想法。

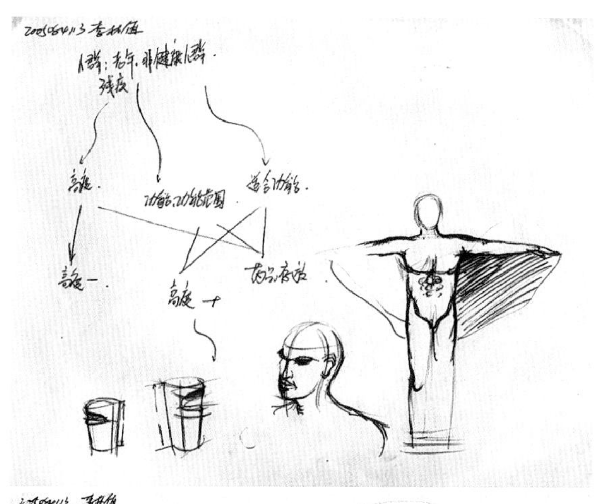

图 3－115

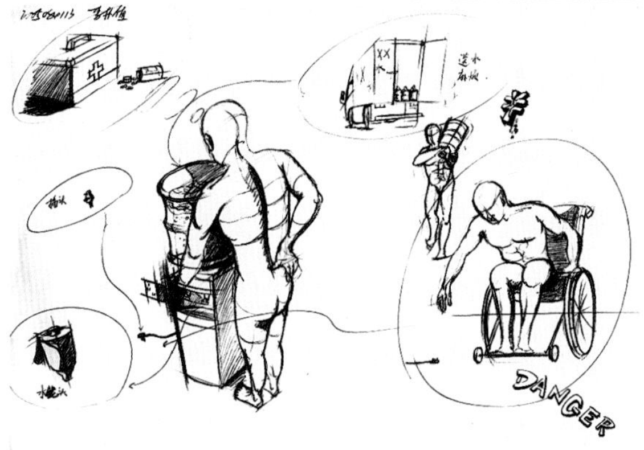

图 3－114

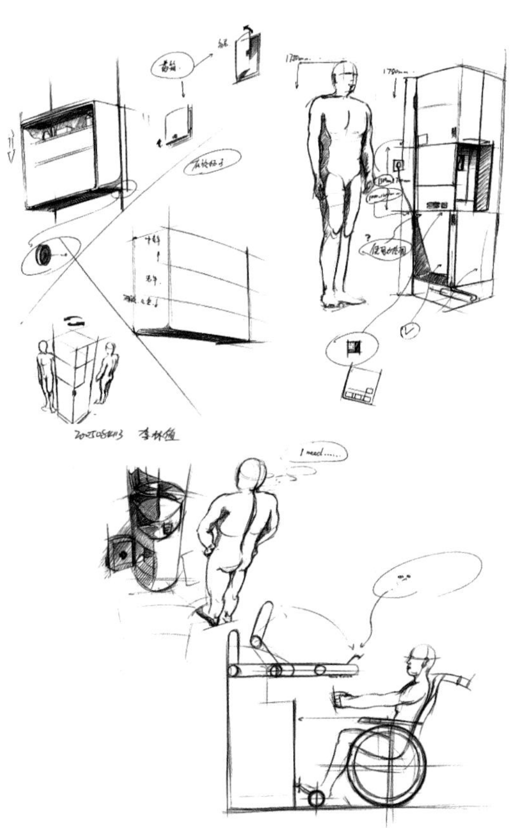

图 3－116

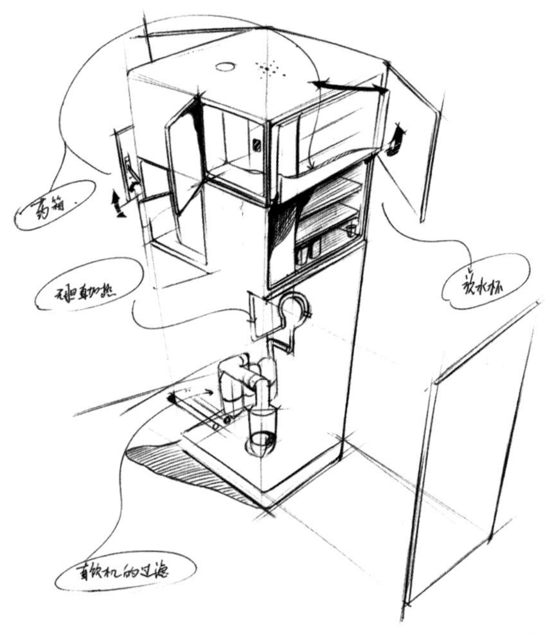

图 3－117

图 3－114~图 3－117 展示了从人的使用角度设计无障碍饮水设施的设计创意过程。

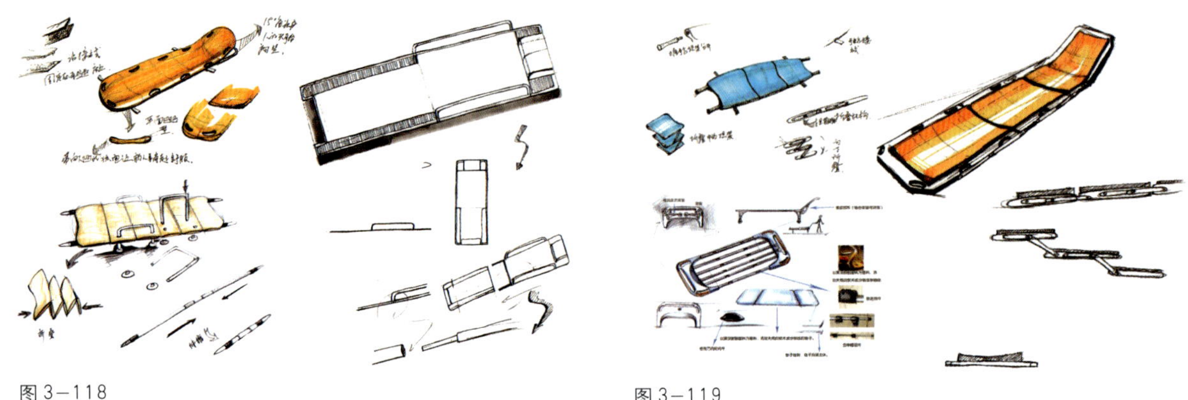

图3－118

图3－119

图3－118、图3－119展示了对军用担架折叠结构的思考过程。

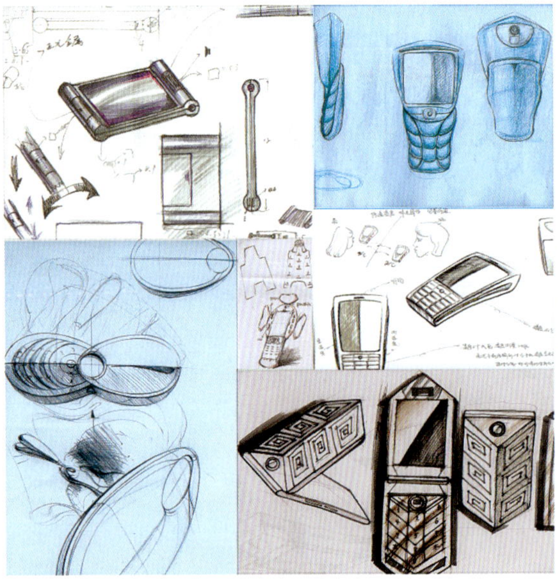

图3－120

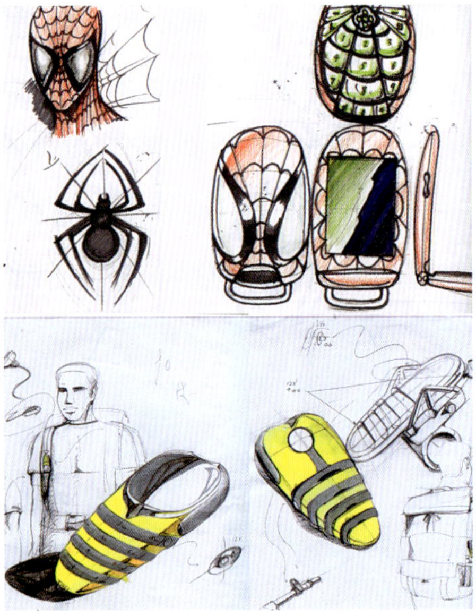

图3－121

图3－122

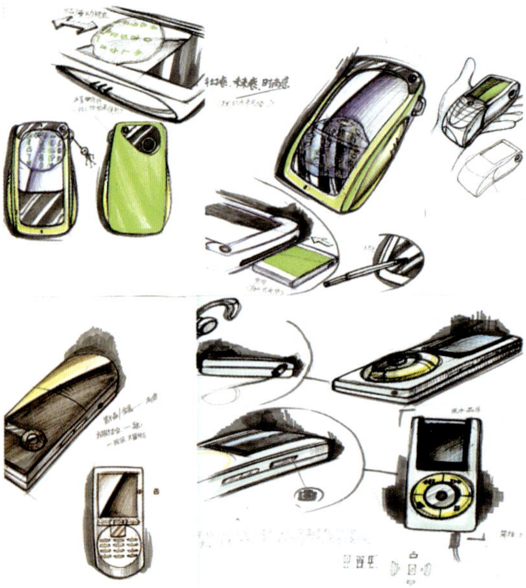

图3－123

图3－120～图3－123是重庆工行大学05工业手机设计课堂作业的部分展示。

第五节 深入设计 确定方案

在构思结束之后，我们必须对设计进行进一步的深入，让它不仅仅停留在概念和构思阶段，而要进一步进行诸如：人机关系、色彩搭配、材料与工艺以及结构方面的考虑。不能够为造型而造型，忽略实际的可操作性。对于产品设计而言，深入设计主要包含以下几个方面：

一、技术可能性研究

在深入设计方案优化阶段，功能及构造是首先要考虑的问题，通常产品的功能和构造将直接影响到产品的造型。这就要求设计者不能无视生产方法、生产工艺、生产成本等因素的存在，寻求最合适的条件进行构思调成，优化设计方案。

在讨论实现设计的技术可能性时，要注意下面几方面：

1.设计构思对产品的功能和构造将产生多大的影响。

2.设计上提出的功能和构造在技术上是否能够实现，以及解决的难易程度。

3.有无制造上的问题以及制造成本如何。

4.产品技术性对产品外观提出的必须要求有哪些。(图 3-124～图 3-126)

P-0034-C工艺说明

序号	名称	数量	材料	工艺/表面处理	PANTONE/油漆号及细节
01	面壳装饰件01	1	不锈钢		
02	听筒装饰件	1	ABS	注塑/电镀	
03	面壳	1	PC+ABS	注塑/喷油+UV	
04	功能键	4	P+R	注塑/喷涂	字符镭雕（见丝印图档）
05	导航键	1	ABS	注塑/彩镀	PANTONE 3005C
06	导航键装饰件	1	PC+ABS	注塑/喷油	表面蚀纹
07	Ok键	1	ABS	注塑/电铸	斜边亮面/中间CD纹
08	数字键	1	P+R	注塑/喷涂	字符镭雕（见丝印图档）
09	数字键装饰条	2	ABS	注塑/彩镀	PANTONE 3005C
10	中框	1	PC+ABS	注塑/喷油+UV	字符镭雕
11	相机键	1	ABS	注塑/电镀	
12	侧按键01	1	ABS	注塑/电镀	
13	USB孔塞	1	TPU	注塑	颜色注塑/字符凹刻
14	镙丝	6			
15	底壳装饰件	1	不锈钢		
16	底壳	1	PC+ABS	注塑/喷油+UV	字符丝印
17	摄像头装饰圈	1	PC+ABS	注塑/喷油+UV	PANTONE 3005C
18	摄像头装饰件01	1	PC+ABS	注塑/喷油+UV	字符丝印
19	摄像头装饰件02	1	PC+ABS	注塑/喷油+UV	PANTONE COOL GRAY 11C/表面细纹
20	摄像头镜片	1	PMMA		背面丝印（见丝印图档）
21	白色闪光灯	1			
22	底壳功能键	2	P+R	注塑/喷涂	字符镭雕（见丝印图档）
23	底壳镜片	1	PMMA		背面丝印（见丝印图档）
24	紫色荧光灯	1			
25	侧按键02	1	ABS	注塑/电镀	字符镭雕（见丝印图档）
26	手写笔	1	ROM	注塑	颜色注塑

图 3-124

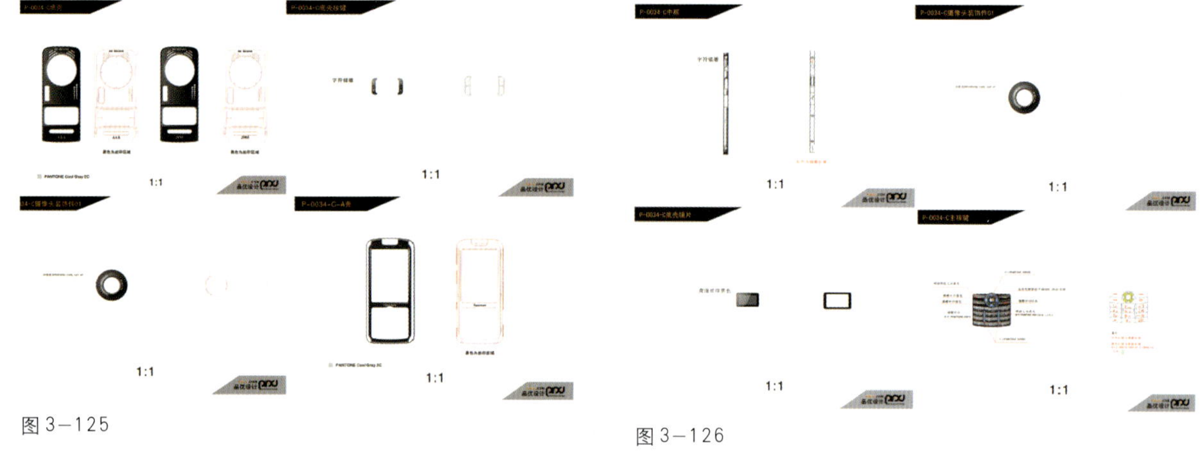

图 3－125

图 3－126

图 3－124～图 3－126 为深圳品优设计公司对于某款手机在深入设计阶段中工艺技术上的考虑。

二、人机关系研究

工业产品在人的日常生活中使用，不考虑人类各种特征是不能进行设计的。人机工程学是研究“人—机—环境—社会”系统中人、机、环境三大要素之间的关系，为解决该系统中人的效能、健康等问题提供理论与方法的科学。

在工业设计中应用人机工程学，主要是利用其研究结果，获得设计的相关信息和数据。人机工程学分析所得数据本身不能创造形态，但是人机工程学所提供的数据是我们进行构思修订的重要依据，对其进行研究和数据的使用将大大提高产品的质量、可靠性、安全性。

D．A．罗曼在《为谁而设计》一书中就站在消费者的角度提出了 4 点关于人机工程方面的要求和希望点，也是我们在进行设计深入构思优化时要注意的：

1.在任何时候都要让使用者简单、明确地知道他可以怎么做。在产品运行时，产品处于怎样的状态，使用者可以进行怎样的控制，这些都要有简单、明了的操作显示。

2.对象物要醒目。除了系统的概念提示外还能进行怎样的操作，其结果要醒目。

3.在机器操作的过程中，通过视觉便可知道产品功能。根据控制，能使功能产生什么变化，哪个功能可以使用等，要有明确的操作提示。

4.要很容易的对系统现在的状态作出评价。简单、清楚地表明产品系统运作状态。(图 3–127)

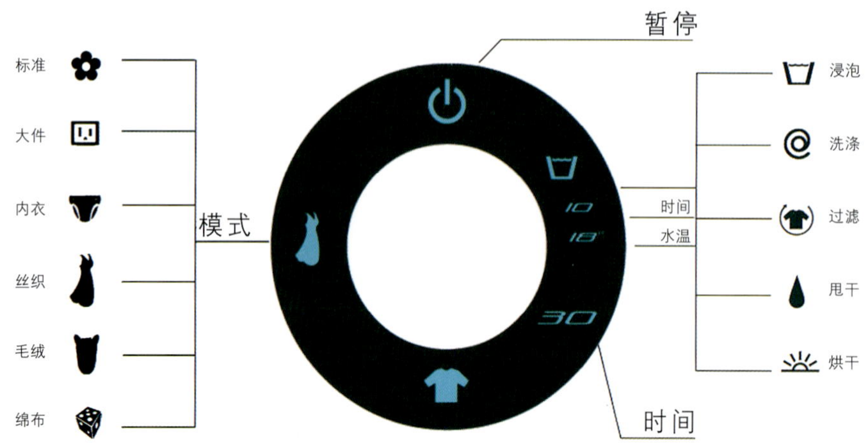

图 3－127　为洗衣机界面的设计，图表设计便于人们识别其功能，方便操作。

三、色彩战略研究

消费产品的一般发展过程根据市场运营的情形，可区分为：产生期、成长期、稳定期、成熟期、巅峰期、衰退期。每一阶段的产品特性与色彩设计有着对应关系，色彩设计在其中也扮演着不同的角色。

1.产生期

本阶段因为是利用新技术开发新产品，因此都以产品机能作为优先考虑，对于色彩设计并未受到应有的重视。一般习惯采用单一的中性色，如：电视机、照相机、冰箱等消费品，都是以黑白二色开始。再如木制家具，即使是材料与工艺的改变（塑料的问世），但是表面仍然采用木纹装饰色，有意识地制造消费者容易接受的惯用色。

2.成长期

本阶段是产品步入大众化的第一步，竞争商品开始出现，机能增多，为了获得区分效应而采用色彩作为差异化的手段。在此阶段产品机能快速成长，而色彩设计才开始走向消费品彩色化的阶段，大多数产品都以红、黄、蓝、绿等鲜明的原色调出现。

3.稳定期

本阶段消费品机能固定、品目确定，竞争商品差异化并不大，此时的色彩设计以符合产品形象为主，大都是淡雅柔和、清爽宜人的中间色调，象牙色系、米黄色系颇受消费者的欢迎，并开始追求高级品味及现代化的感觉。

4.成熟期

本阶段的消费习惯及生活形态有了很大的改变，对于产品机能、销售价格趋向同质化的时期，有无满足消费者的心理需求，成为市场营运成功与否的关键，因此所有产品都以“流行化、个性化、多样化、差异化”作为设计的指南，其中透过个性化的色彩设计或流行色的潮流诱导，都是攻城略地、创造佳绩的有力武器。

5.巅峰期

本阶段在市场高度成熟、品牌林立、产品泛滥之后，产品设计必须敏锐地反映时代的特色，个性化的区分更加细致。同时“同质”消费品的换代开始了，大众消费者总是不会买相同的消费品进行替代，而企业则更加注重自身品牌的号召力，因此本阶段色彩设计的重点在于表现出具有时代意义或是具有独特含义的形象概念。

6.衰退期

本阶段的市场已达到饱和状态，消费者的生活形态不断地在追新追变，原有的产品机能已不符所需，必须根据新时代的生活需要，革新技术、创新机能，以更新产品特色，重新获得消费者的认同。在此时期的色彩设计已非如产品产生阶段的以单色、机能色、惯用色来强化新产品的新机能，而是根据时代背景、生活走向来赋予产品具有新意义的色彩。(图3–128～图3–130)

发展阶段	产生期	成长期	稳定期	成熟期	巅峰期	衰退期
产品特征	技术单位 机能本位	项目差异化 产品多样化	品牌化 形象化	个性化 流行化	时代形象 概念形象	技术更新 机能更新
时代特征	← 知性化时代 →			← 感性化时代 →		
色彩倾向	单色 机能色 惯用色	原调色 鲜明色调	色彩多样化 色彩系统化 中间色	流行色 生活色 个性色	概念形象色彩	具有新意义的色彩
行销重点	← 生产力市场 →					
		← 行销力市场 →				
			← 形象力市场 →			
						← 生产力市场

图3–128　产品色彩嬗变表

图3－129 各个阶段打字机产品的色彩实践

图3－130 相同的造型施以不同的色彩，能够给人不同的感受，作为独立的造型元素，色彩越来越受到设计师的重视。

第六节 方案评价 设计展示

所谓设计评价，是指在设计过程中，对解决设计问题的方案进行比较、评定，由此确定各方案的价值，判断其优劣，以便筛选出最佳设计方案。在这里，"方案"的意义是广泛的，可以有多种形式，如原理方案、结构方案、造型方案等，从其载体上看，可以是零、部件或总成图纸，也可以是模型、样机、产品等。一般来说，评价中所指的"方案"，其实质是指对设计中所遇问题的解答。不论其是实体的形态(如样机、产品、模型)，还是构想的形态，这些方案都可以作为评价的对象。

设计评价的意义：首先，通过设计评价，能有效地保证设计的质量，充分、科学的设计评价，使我们能在众多的设计方案中筛选出各方面性能都满足目标要求的最佳方案；其次，合理的设计评价，能减少设计中的盲目性，提高设计的效率。在确定工作原理、运动方案、结构方案、选择材料及工艺、探索造型形式各个阶段，都要进行必要的评价并以此做出决策。能够适时摈弃许多不合理或没有发展前途的方案，使设计始终循着正确的路线。此外，应用设计评价可以有效地检核设计方案，发现设计上的不足之处，为设计改进提供依据。

产品设计中设计评价的特点有如下一些：

一、评价项目的多样性

工业设计涉及的领域极广，考虑的因素非常之多，较之工程技术设计等更不单纯，因此．在设计评价的项目中，必然要包括更多的内容，涵盖更多的方面。

二、评价标准的中立性

工业设计作为生产经营者和消费者之间的桥梁和纽带，有责任、也有可能克服狭隘的功利主义，站在为人类服务和促进社会进步的崇高立场上，兼顾二者的利益和要求，以较为客观、中立的标准来进行设计评价。

三、评价判断的直觉性

由于工业设计的评价项目中包括许多审美性等精神的或感性的内容，在评价时将在较大程度上依靠直觉进行判断，也即直觉性评价特点较为突出。

四、评价结果的相对性

正是由于评价中的直觉判断较多，感性和经验的成分较大，工业设计的评价结果就较多地受个人主观因素的影响，更具相对性，这是值得重视的。

通常情况下，我们可以根据设计的输入要求做成坐标进行分析和评估。评定标准中的每一项满分为5分，各项围成的面积越大则该方案的综合评定指数越高。(图3－131～图3－135)

对于设计的展示，不仅仅要表明产品造型自身，同时一般都需要向人们表明其使用状态、使用环境，让使用者全方位的了解产品、了解创意！(图3－136～图3－141)

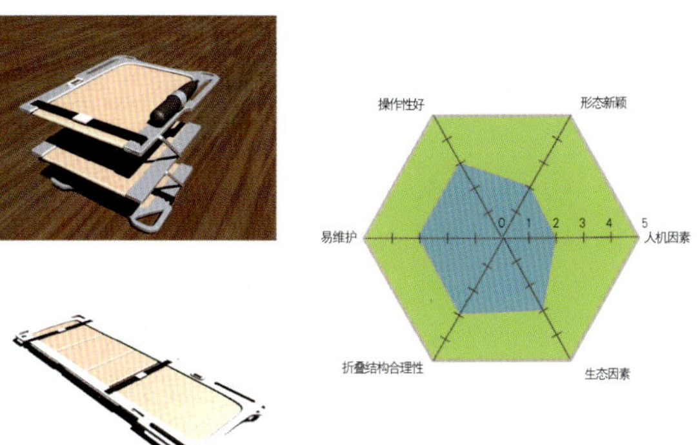

图3－131

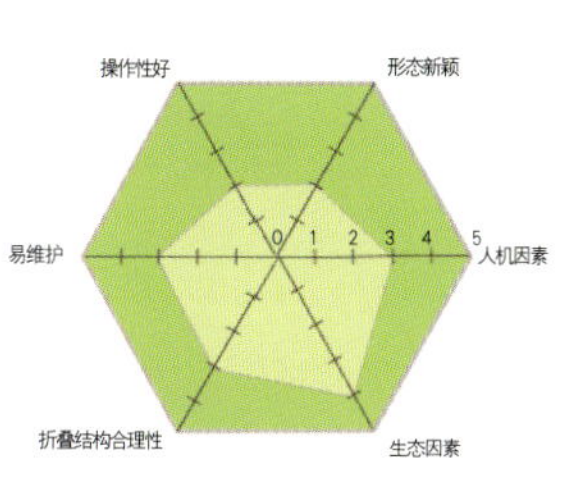

图3－132

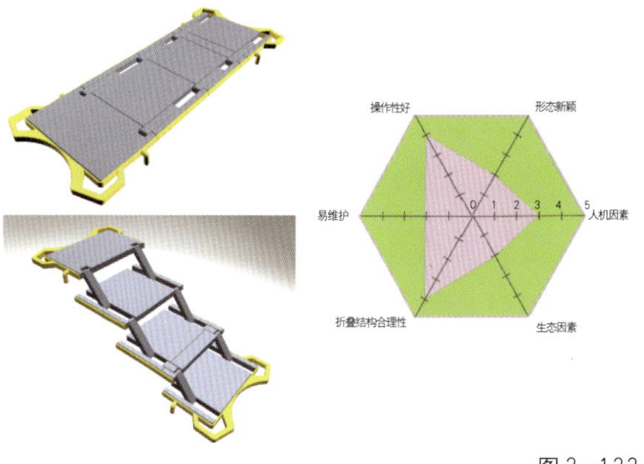

图3－133

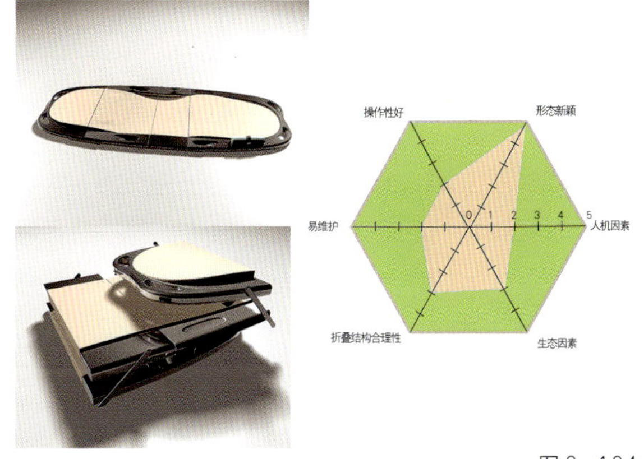

图3－134

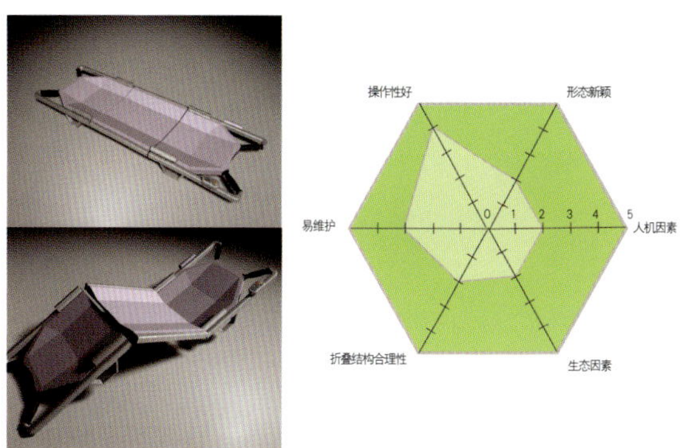

图3－135

图3－131～图3－135是对各款军用担架的一个综合性的造型评价。

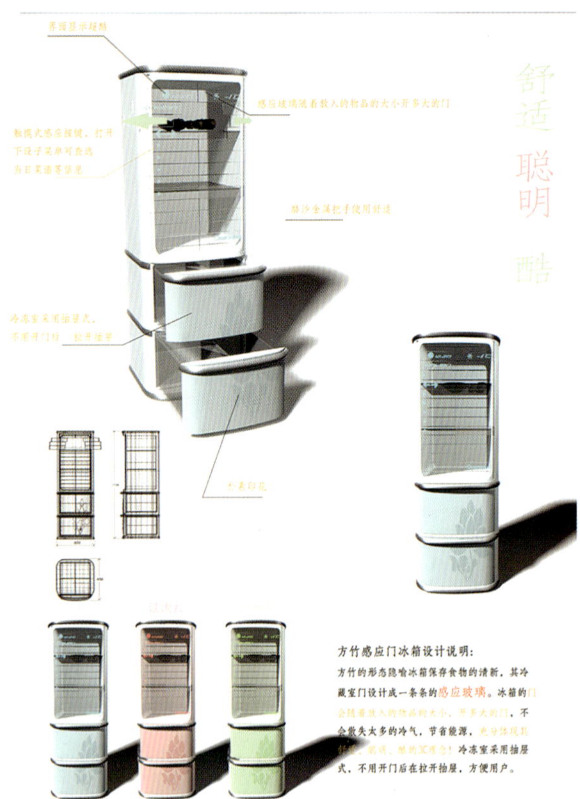

感应门冰箱：

冰箱冷藏室门设计成一条条的感应玻璃，冰箱的门会随着放入的物品的大小，开多大的门，不会散失太多的冷气，节省能源，充分体现其舒适 酷 聪明的3C理念！

图3－136

图3－137

夏天使用出风口灯光呈冷色

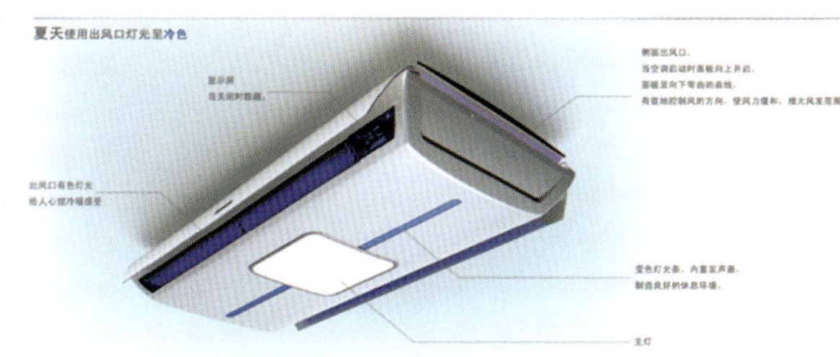

翼动顶式空调设计

设计说明：

这是一款顶式的空调，简洁的外观带有细微的弧度，时尚而富有情趣。当空调展开，面板如羽翼般向上滑动并且轻轻外张，露出出风口和显示屏，选择顶式，这不仅仅是一种形式的改变，更是一种新方式的改变

首先 出风口的灯光会根据空调控温模式，调节灯光色彩，在视觉色彩上制造感受错觉。

其次 这种四面送风的设计大大增加了空调送风的面积，能够在很短的时间内把气温调节到预期效果。

次外 她是空调，也是室内的主灯，与环境空间很好的融合在一起。

冬天使用出风口灯光呈暖色

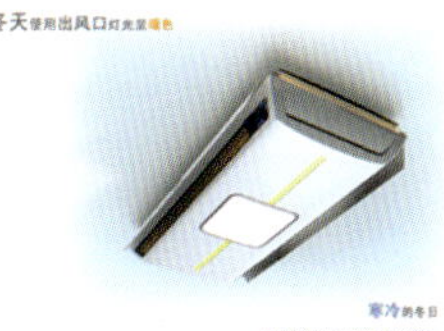

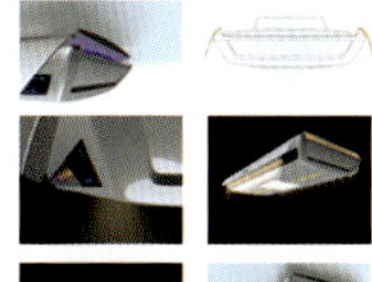

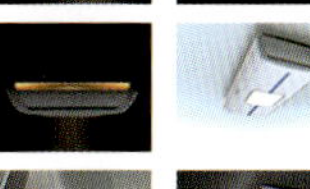

气流图

图 3－138

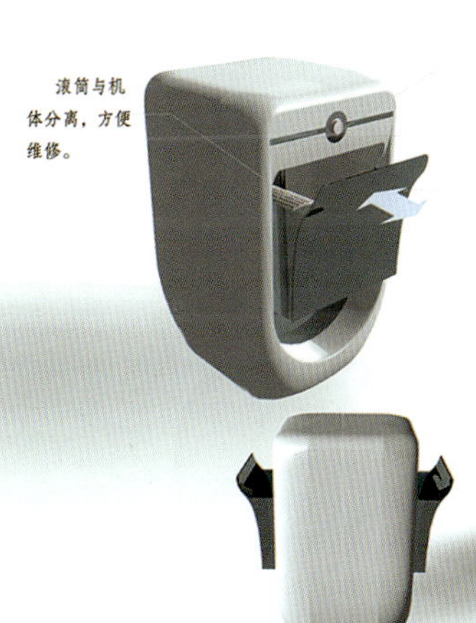

旋扭式操作界面使用
起来一目了然

洗衣机盖为轻触式设计
弹指之间轻松拿、放衣物

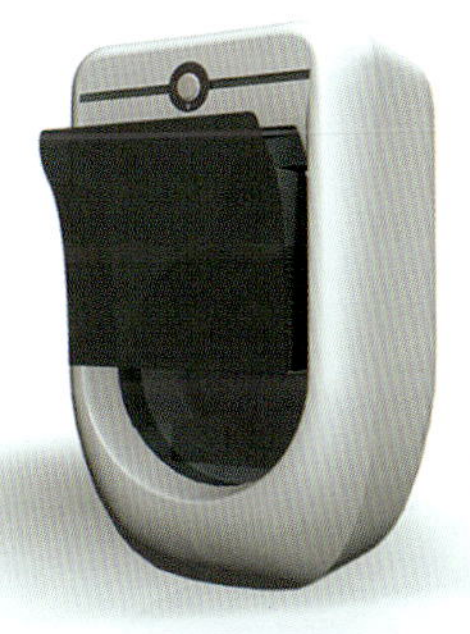

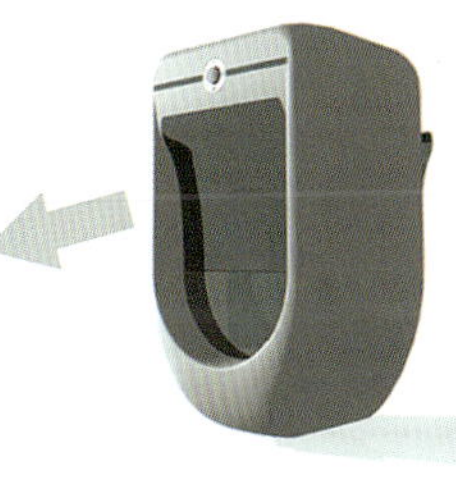

双面开门

嵌入式洗衣机设计说明：忙碌了一天的生活就要过去，当您想在浴室里头舒舒服服的洗个热水澡时还得考虑洗衣服这一繁杂的琐事，这台洗衣机的设计亮点就在于它不再让主人拿着衣物在房屋里走来走去了，从浴室放入脏衣服从阳台上直接取出晾晒，它让洗衣服与晒衣服的空间是那么的接近，让您与惬意的生活也如此接近。

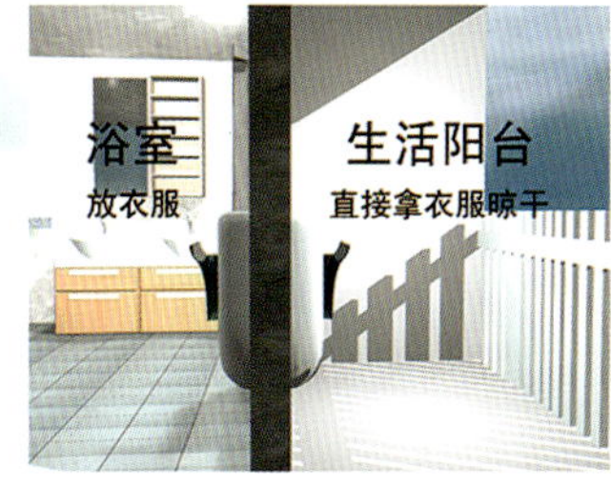

忙碌了一天的生活就要过去，当您想在浴室里头舒舒服服的洗个热水澡时还得考虑洗衣服这一繁杂的琐事，这台洗衣机的设计亮点就在于它不再让主人拿着衣物在房屋里走来走去了，它让洗衣服与晒衣服的空间是那么的接近，让您与惬意的生活也如此接近。

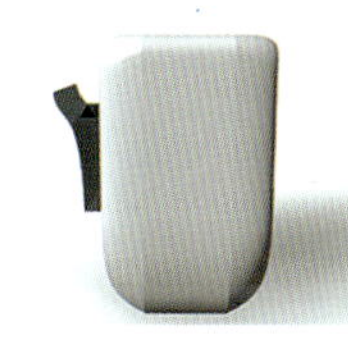

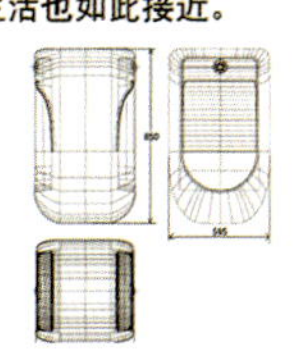

图 3－139

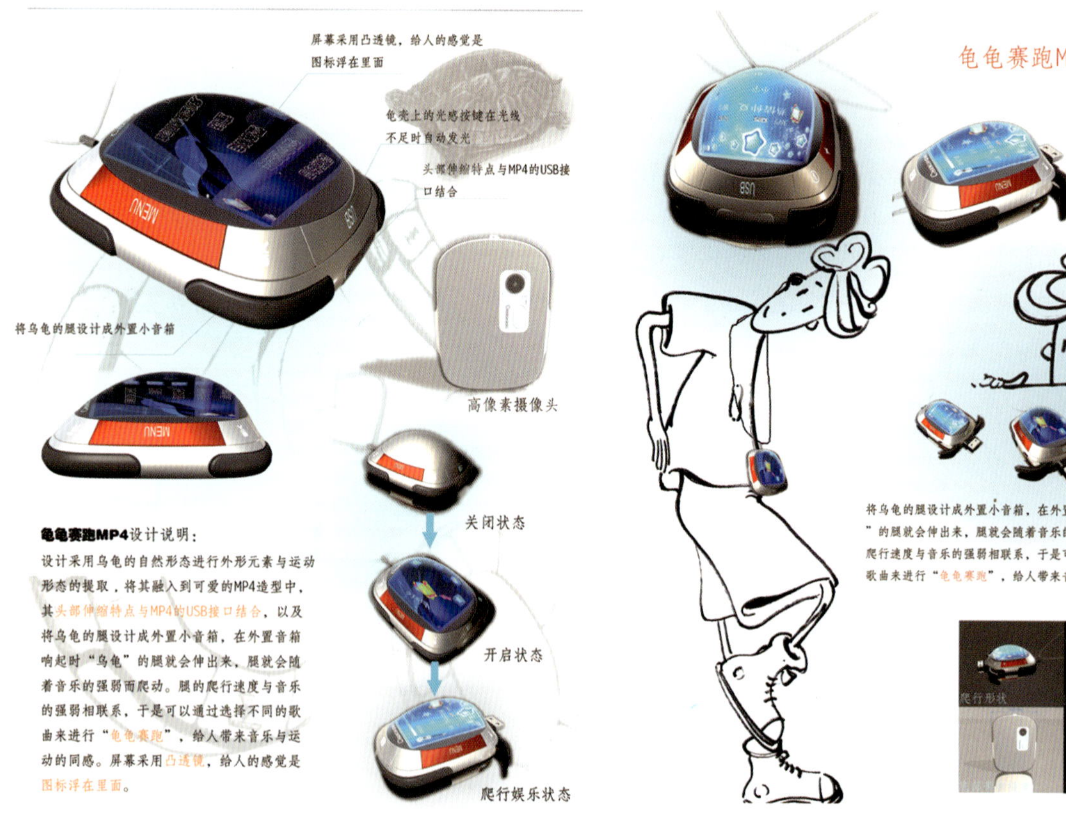

图3－140

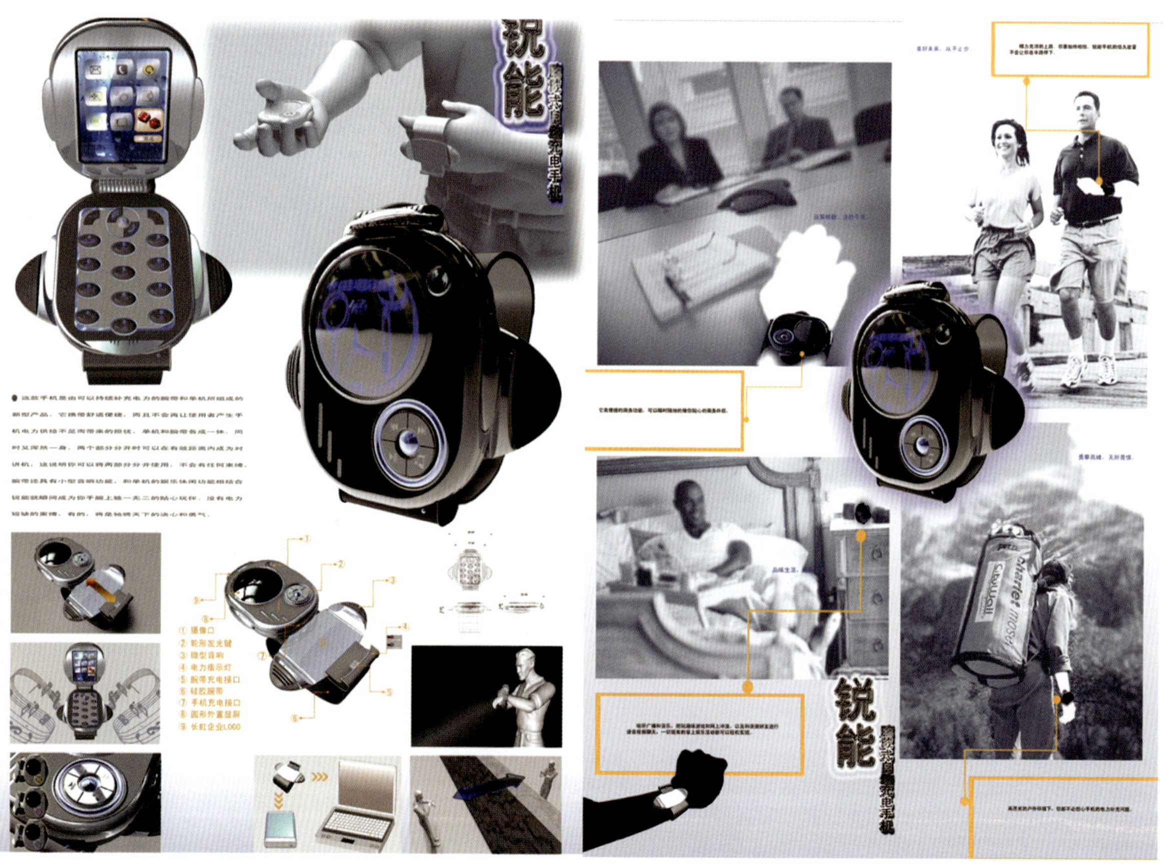

图3－141

图3－136～图3－141 为重庆工商大学设计艺术学院参加长虹邀请赛所做的最后产品展示，由欧海超、余旭、陈单一、江欣、李林植等同学完成。

第七节 模型制作　生产准备

模型的制作在形态上要求真实产品的效果，因此产品各部分的细节要表现得非常充分，这样也便于设计师更有效地在产品细节方面进一步推敲与修改，有利于设计概念的进一步完善，同时为后续的数字模型的生成提供直接的参考，以便投入实际生产。

模型可作为一个完整的设计概念提供给委托商或生产厂家进行评估和选择，也可用于陈列或展示，向外界传达设计概念或征求用户的意见。对于一些机能性较强的产品，有时要通过样机模型来检测产品的技术性能与操作性能是否达到预定的设计要求，而模型的具体制作方式与方法是模型制作课程的重点，这里就不详加阐述。(图 3–142)

图 3－142　在校外实训基地——力帆集团完成汽车模型制作的部分场景。

第四章 设计的突破式创新

在市场竞争激烈的今天，创新设计成为世界经济新的增长点，创意产业也成为产业经济中的重要组成部分。在这样的时代背景下，很多著名的大型企业，如IBM、诺基亚、惠普、索尼等，拥有惊人的专利年产量，这些企业靠不断的创新设计，占据着市场的主导地位。同时，它们还受到许多新兴企业的挑战。2007年1月9日，Apple发布I phone手机(图4-1、图4-2)，同年6月29日，I phone在美国上市销售，创造了两天销售27万部的神话。刚刚从电脑、MP3领域涉足手机领域的Apple，迅速成为移动通信行业的焦点。Apple的设计团队依靠对用户的深入研究，采用突破式创新的方法，获得了手机使用的全新体验，创新设计成为新兴企业撼动市场的有力武器。

图 4-1 iPhone

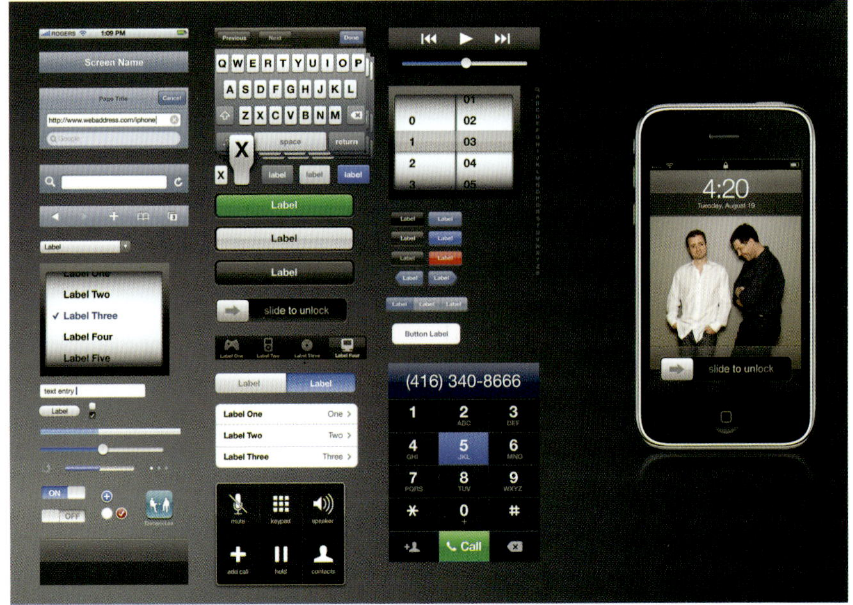

图 4-2 iPhone 界面设计

第一节 产品创新的方式

在市场这个“蛋糕”的分割中，传统大企业经常被初入行业的新手击败，在新产品市场的竞争中尤为突出。传统企业虽然具有大量的专利产量，却依然在市场竞争中败阵，研究人员将这种现象称为“企业的创新窘境”。事实证明，创新设计方向的选择关系到企业在新兴产品领域中的成败。产品创新的种类分为两类：渐进式创新和突破式创新。（图 4–3）

一、渐进式创新

渐进式创新是指在现有的产品体系内寻求技术突破，把产品体系提升到一个新的台阶。渐进式创新可细分为以下几种：

1. 提升产品的功能特性，例如更快的汽车，更轻的手机，更高分辨率的数码相机(图 4–4)等；

2. 更换产品的系统结构，例如从燃油汽车（图 4–5）改为电动汽车（图 4–6），从翻盖手机改为滑盖手机等；

图 4–3 三星滑盖手机系列

图 4–04 佳能 710 万像素的 IXUS700 与 400 万像素的 IXUS40

图4－5　丰田Camry

图4－6　丰田Prius 混合动力车

图4－7　苹果MacBook　Air“全球最薄的笔记本电脑”最厚的地方仅有1.94cm。

图4－8　东芝Portege　R500－S5007V“全球最轻的笔记本电脑”仅重1.08kg，镁铝合金机身。

3.提升企业的服务水平，例如提供可定制汽车坐椅的服务，将产品的一年质保升为三年质保等；

4.优化产品生产过程，包括提高产品的质量、减少人工、减少资源浪费、加强环境保护等。

采用渐进式创新的企业，其成功的机会与公司的规模成正比，拥有行业内的经验、技术越丰富，在用户心目中的地位就越高，最终会成为行业的领导者。

渐进式创新是在一定基础上的不断优化，只要集中足够的各种资源，必能有所突破。行业中越出色的企业，在渐进式创新中越有好的表现。(图4–7、图4–8)

二、突破式创新

突破式是指打破既有的用户群、价值链，否定现行市场依托于技术发展的产品创新，寻找新的创意方向。突破式创新的成功机会低，但一旦成功，将获得巨大的商业价值，获取压倒性的优势。突破式创新可分为以下几类：

1.产品的新方式：例如I phone手机（图4–9），具备外放喇叭的MP3等；

2.产品的新品牌：例如维珍航空、星巴克咖啡(图4–10)等；

3.新的运作模式：例如戴尔计算机所采取的网络定做生产模式(图4–11)等；

4.新的用户体验经历：例如极限运动、私房菜(图4–12)等。

图4–10 星巴克(Starbucks)，1971年诞生于美国西雅图的咖啡店。1996年，星巴克开始向全球扩张。2004年，它的分店遍布全球30多个国家和地区，连锁店达到7500余家。星巴克人认为：他们的产品不单是咖啡，咖啡只是一种载体。而正是通过咖啡这种载体，星巴克把一种独特的格调传送给顾客。咖啡的消费很大程度上是一种感性的文化层次上的消费，文化的沟通需要咖啡店所营造的环境文化感染顾客，并形成良好的互动体验。

图4–9 iPhone手机的内置方位传感器，能够检测出用户是纵向还是横向拿着手机。软件可以自动匹配最合适的图片显示尺寸和方向。

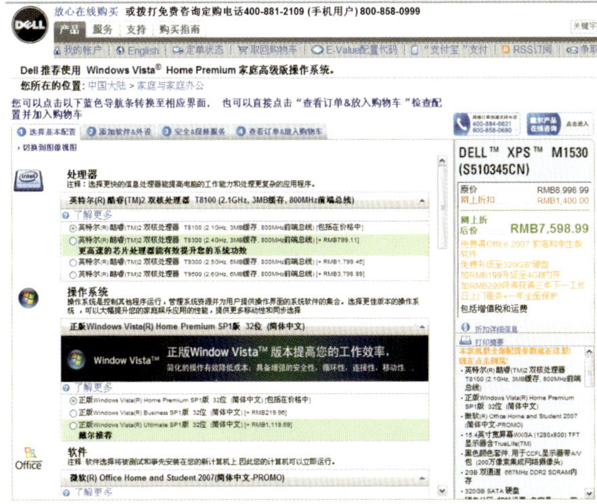

图4–11 戴尔计算机网络订购页面。戴尔公司从一开始就通过直接交易，更好地预期、理解和关注客户的独特需求。

由于各种突破式创新的方向都与传统行业有本质的区别，原行业的领导者难以从以往的成功经验中实现180度转型，越是成功的企业，突破式创新遇到的来自于企业内部的阻力就越大。因此，往往能引导行业潮流的，都会是才入行的“新手”。

自从“创新窘境”这一概念提出来以后，具有前瞻性的企业都在寻求着改变，将突破式创新与渐进式创新整合运用，塑造多元的企业形象。企业将原有的庞大设计部门拆分成多个部分，设计项目由企业的设计部门、独立于企业的设计公司、社会的研究机构等多方共同完成。心理学家、社会学家甚至产品未来的使用者都参与到设计过程中，他们构成了新的设计组织结构。新体系的最终目的在于锁定社会和人的本质需要。设计由依托于技术发展的渐进式创新转化为以人为中心的突破式创新。（图4-13、图4-14）

图4-12　私房菜“榄菜胡萝卜碎”。剁碎的胡萝卜加香菇丁、芹菜丁、红辣椒、橄榄菜，众多的私房菜馆靠新奇的搭配给顾客带来新的饮食体验。

图4-13　苹果MM鼠标 Mighty Mouse 具有360度的滚动特性，设计的滚球（Scroll Ball）借助一根手指就能完成畅通无阻的滚动。在鼠标顶部外壳下布置着触觉传感器，可以捕捉你的点击动作，创造了圆滑的单键外观与复杂的双键功能兼备的奇迹。

图4-14　2007年11月，全球第一大网络书店亚马逊公司推出号称可以“改变人类阅读方式”的电子书产品“Kindle”。

第二节 突破式创新方法

产品的设计由遵循技术的革新转变到遵循人的需求，人的需求随着不同社会背景和文化特征的刺激而变化，关注“人的需求”的用户研究成为产品设计的灵感来源。

产品设计的重心由功能化转变为人的产品体验，在这样的背景下，IDEO的一位创始人比尔·莫格里奇在1984年一次设计会议上提出“交互设计”的概念。从用户角度来说，交互设计是一种让产品易用、有效而且让人愉悦的技术，它致力于了解目标用户和他们的期望，了解用户在同产品交互时彼此的行为，了解“人”本身的心理和行为特点。通过对产品的界面和行为进行交互设计，让产品和它的使用者之间建立一种有机关系，从而可以有效实现使用者的目标，满足使用者的需求，这就是交互设计的目的。交互设计的核心是基于用户的研究。（图4–15、图4–16）

图4–15 IDEO设计的“财经分析师电脑”用户界面清晰，整合语言信箱、视频电话、播放器、电子记事本等小装置。

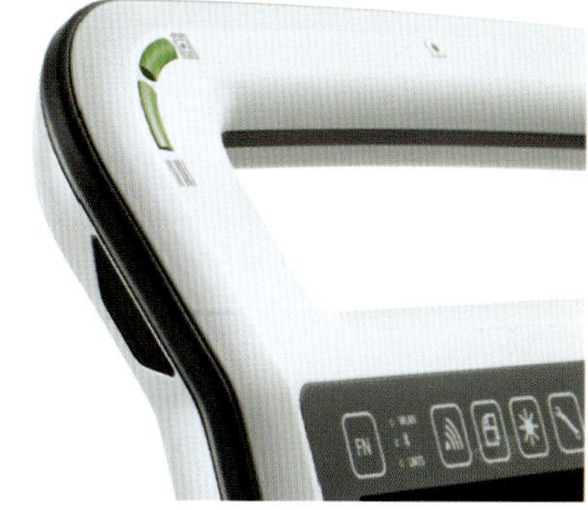

图4–16 ESPRIMO医用移动电脑 IDEO设计 2008年IF奖

一、用户研究

用户研究是交互设计流程中的第一环节。它是一种通过理解用户，明确他们的潜在需求，形成设计目标，并与企业商业宗旨相匹配的理想方法。

1．用户研究的目的

用户研究的目的：

（1）帮助企业定义产品的目标用户群，明确、细化产品概念，为产品的具体设计形成设计目标；

（2）通过对用户的使用方式、知觉特征、认知心理特征的研究，使用户的实际需求成为产品设计的导向，使新产品更符合用户的习惯、经验和期待。

用户研究通过对使用者的分析，形成对设计过程的指导，使用者最终成为产品的受益者，企业在使用者的青睐中获取利益，用户研究建立起两者间的互利关系；用户研究可有效控制企业的产品开发成本，缩短开发周期，有效利用设计资源，为企业创造出更好更成功的产品。

对用户来说，用户研究使得产品更加贴近他们的真实需求。通过对用户的理解，设计师将功能设计的重点由技术层面转化到用户层面，解决用户的实际问题。要实现以人为本的设计，必须把产品与用户的关系作为一个重要研究内容。用户研究能够指导消费类电子产品设计，能够帮助改善网页设计、网站构架、软件应用界面、游戏等交互式产品。(图4－17)

2．用户研究的内容

产品开发的初期，了解用户的需求非常重要。通过用户研究，确定用户的真实需求，形成设计目标，才能保证产品获得市场的成功。

传统的用户调查方法，主要关注产品现有的销售情况、使用优缺点、用户现有的态度和看法，关注用户行为数据的收集，从而预测需求。以上因素容易受外界因素的影响而变化，是不稳定的，难以对未来的设计和产品开发起指导作用，这样的研究往往由调研公司完成。设计目标涵盖了所有用户需求，最终却往往导致没能很好满足任何一个用户的需求。

新的用户研究小组，由设计师、市场人员、科学家等多种角色组成，通过对不同文化背景用户的研究，定位产品的设计方向。关注用户的价值观、基本的知觉特性、操作习惯和思维方式，这些因素是稳定的、可持续的，这些因素的调查能够真正对产品的开发有用。

3．角色构建及其步骤

随着市场细分的深入，用户群组越来越丰富，对于用户的研究由总结用户的普遍特征转化为对特征用户的关注，形成了以角色（persona）为主导并突破传统的研究方法。

角色是能够代表产品小部分用户需求的特征

图4－17　任天堂互动游戏机Wii。Wii的最大特色在于重新定义了人与游戏的关系，让玩家从“用头脑玩游戏”进入“以身体玩游戏”的时代。玩家可以把游戏机遥控器拿来模拟成交响乐团的指挥棒、钓鱼、拳击、健身运动、打球、赛车甚至枪战。Wii把运动场搬到客厅，让大人小孩不再为了争夺电视机而争吵，反而能彼此愉快地“玩”在一起，甚至成为亲友聚会、员工交流情感的好工具。媒体赞赏Wii为“改变游戏文化的伟大产品”。

用户。角色从本质上来说，是通过寻找典型用户来代表具有不同目标的用户，通过满足独特的用户需求从而满足具有类似需求的用户群。同时，这些独特用户还影响着更广泛的用户群，最终形成流行。

在产品设计中通过角色构建，强调设计者站在用户的角度考虑问题，从而把设计者的注意力集中在用户需求上，形成客观的设计目标。角色构建过程削弱了设计者的主观臆想、管理者的个人爱好、市场人员的销售经验对于设计项目的影响，它是企业获得突破式创新成功的保证。用户研究的结论成为后期设计方案评价的重要标准。

角色构建的步骤包含以下几个方面：

(1) 用户群特征 ——了解用户，分析特征用户的独特需求。

步骤1：寻找用户

这个步骤旨在了解下面的问题：

a.用户是谁?

b.他们有多少人?

c.用户的日常生活情景是怎样的?（图4–18）

(2) 产品功能架构——根据用户需求，建立产品的功能体系，使用方式等。

步骤2：建立假设

这个步骤旨在关注不同用户之间的区别。分析前期材料，对用户和用户希望点进行分类，贴上标签并完成对目标用户需求的基本描述。

(3) 用户任务模型和心理模型——验证产品的使用过程、细节，研究用户的心理感受等。

步骤3：验证假设

这个步骤将得到关于用户研究的不同数据：

a.人物角色数据：用户的喜好、需求、动机、价值观。

b.情景数据：产品使用领域、条件、环境、产品的使用历史。

(4) 步骤4：寻找模式

这个步骤，将了解以下问题：

a.最开始贴定的标签，是否还需要保留?

b.是否需要考虑别的分组?

c.每个分组中的内容是否完善?

d.所有的分组标签是否同等重要?

(5) 用户角色设定——确认角色的设定，参与设计方案的评价、验证等。

步骤5：人物角色建构

人物角色模型包括：用户的基本情况、背景资料、认知、人格特质等等。

这个步骤，将去了解以下问题：

a.这个人物角色的需求是什么?

b.生活情景是怎样的?

c.用户在给定情景下，会发生什么样的事情?

(6) 步骤6：人物角色的长期性开发

这个步骤主要了解，新信息刺激是否会改变人物角色？（图4–19、图4–20）

图4–18 四川美院06级工业设计学生袁齐利、何阳、佟立彪在进行用户访问。（指导教师：蒋金辰）

图4–19

图4–20

二、构建“情境与角色”

“情境”是一个舞台，设计师的设计与人物角色在舞台上产生互动，所有的故事情节都围绕着这个核心展开。情境中所关注的问题，就是设计所需要考虑的中心问题。产品的使用环境、时间、方式等要素越来越复杂，人与产品的交互方式越来越丰富，“情境”日益成为大多数设计师使用的工具，将所有要素放入一个具体的情境中，从系统的角度去观察设计。

“角色”是情境舞台上的人物角色，代表产品的消费者与使用者，或者说是目标消费群的典型代表。人物角色的原型构建不是一个真实的人物，但是它是真实用户的假想原型，为设计师揭示潜在的用户目标。

在用户研究中，选择合适的原型构建出“情境与角色”，有助于设计师找到设计的方向，而不至于受到自我意识的影响。

基于“情境与角色”构建的用户研究方法：(图 4—21)

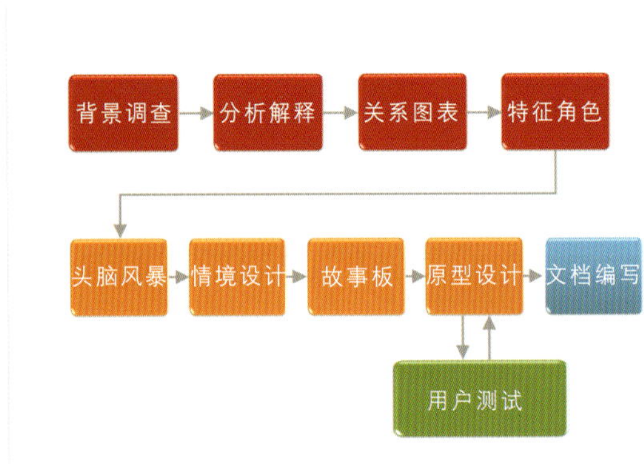

图 4—21

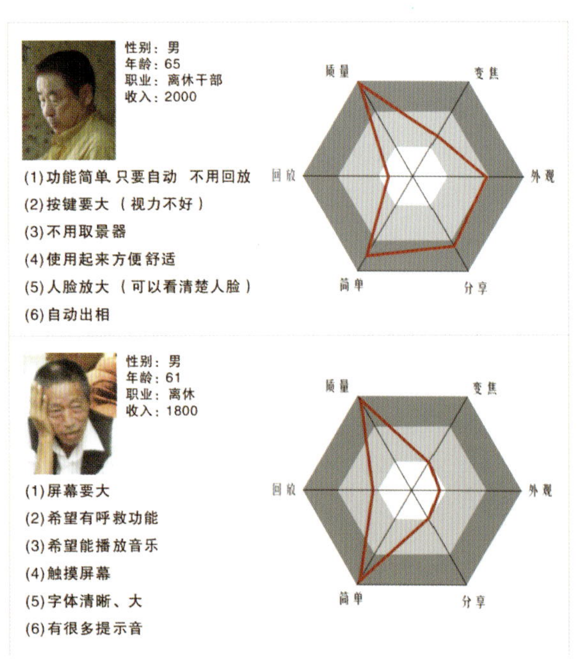

图 4—22 四川美院 06 级工业设计学生袁齐利小组针对“老年人数码相机设计”进行用户希望点调查。(指导教师：蒋金辰)

1. 背景调查(Contextual Inquiry)

设计师想要获取准确的用户需求，必须深入用户的生活中，通过观察、访问等一系列方法，寻找用户的特征，建立角色模型。大多数情况下，用户并不了解自己的真正需求，设计师通过对表象的研究，判断核心的需求内容。

通过设计师对少数用户的研究，可形成对于整个市场需求的判断。某家电品牌在进行产品设计项目时，在全国范围内选择 10 个大中型城市的各 5 个家庭进行访问，通过对 50 个家庭的研究，判断市场的整体状况。

2. 分析解释(Interpretation)

设计师将受访者的情况进行整理，包括用户的年龄、职业、性别等基本资料。记录用户对于产品的期望、对现有产品的不满。将每个用户的希望点进行编号，可以帮助后期分析工作的开展。(图 4—22)

3. 关系图表分析（Affinity Diagram）

根据前面环节对于用户希望点的编号，进行系统整理，将相同类型的需求集合成组，这个过程其实是对设计方向的归纳和提炼。当所有用户的希望点集合在一起时，可以判断出希望点集中的群组，找出用户的关键需求。(图 4—23、图 4—24)

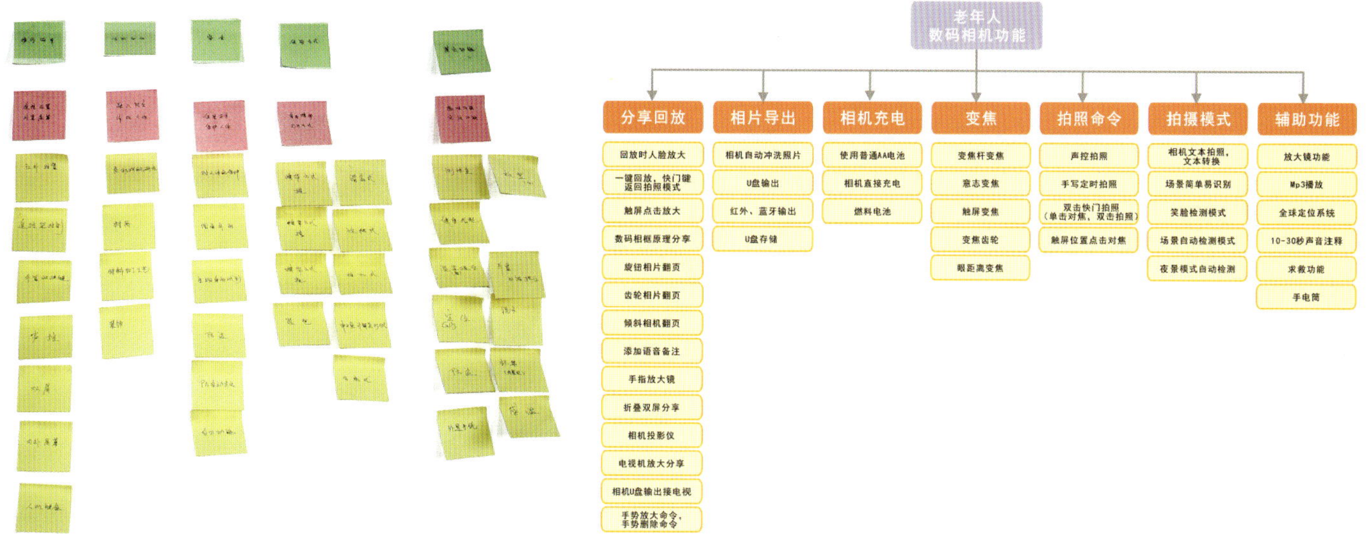

图 4—23　四川美院 06 级工业设计学生袁齐利小组针对“老年人数码相机设计”进行用户希望点归纳，不同颜色的便笺纸代表不同的功能层级。（指导教师：蒋金辰）

图 4—24　四川美院 06 级工业设计学生袁齐利小组针对“老年人数码相机设计”进行用户希望点归纳，将整理后的“老年人数码相机功能”希望点录入电脑。（指导教师：蒋金辰）

4. 用户角色模型（Persona）

根据对用户的访问，将用户的特征进行综合，提炼出几个角色模型。以这些特征用户角色模型来替代所有的访问用户。角色模型可以是虚拟的一个家庭或是个人用户，包含了前面调查环节得出的用户特征。根据角色模型的需求，形成项目的设计目标；通过角色模型概括用户的特征，总结需求；明确实现项目目标的设计方向。

设计师在人物角色构建的过程中，深入挖掘设计所针对的潜在用户的特点，通过人物角色定义出典型的用户形象，作为设计中的参照点。人物角色的设定是现在交互设计中最常使用的是原型构建方法。

建立用户角色模型的程序：

(1)选择用户角色

根据市场划分访问用户，在被访问者中选择典型特征用户，设定特定领域、特定场景、特定产品功能。

(2)确认代表性的用户角色

根据前期对用户的访问内容，选择丰富的故事情节，要求故事内容与所有人的故事最接近，同时保留最有特征的观点，确保完整的事件经过和突出的细节。

(3)为用户角色确认目标、角色和任务

对角色故事进行分析，理解用户在关键步骤的行为特征，设计师根据任务目标，对用户行为进行改善。

目标：

①用户试图去完成什么？

②他们关心什么？

③工作结束后的体会？

角色：

①用户在工作中扮演哪些角色？

②产品在支持用户工作中扮演什么角色？

③关键任务是什么？

④用户有哪些方面的任务？

⑤用户最重要的任务是什么？

(4)撰写用户角色

①给用户角色命名；

②确认用户概况；

③编写故事：概括用户的工作，描述用户一天的生活，或者用户如何完成关键任务；

④列出用户角色的目标、角色和任务：各3到5个，对每个内容进行简短的描述；

⑤选择一张可以代表角色的照片。（图4–25）

图4–25　四川美院06级工业设计学生袁齐利小组针对“老年人数码相机设计”进行用户角色构建。(指导教师：蒋金辰)

5. 头脑风暴（BrainStorming）

根据用户的需求，以实现设计目标为前提，在设计小组范围内开展头脑风暴，鼓励任何奇思妙想，寻找多角度地解决问题、实现设计目标的方式。最后，对头脑风暴的结果进行整理，筛选出有价值的设计思路和关键需求。(图4–26)

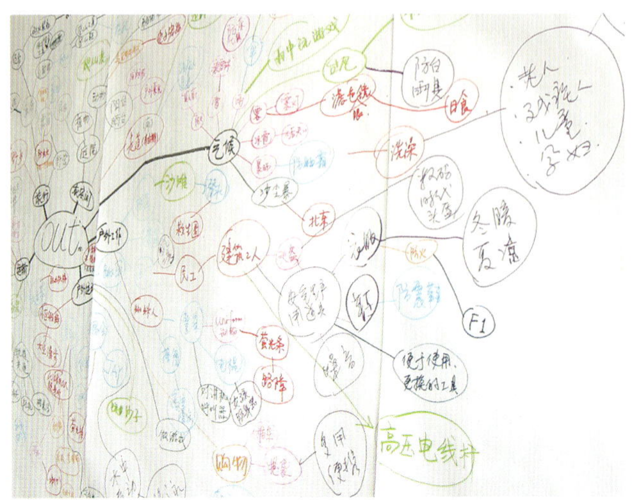

图4–26　头脑风暴

6. **情境设计（Visioning）**

渐进式创新的设计，通常在设计初期就已经明确了用户的满意度，容易形成设计目标，比如运算速度更快的电脑等。进行突破式创新时，用户满意度没有参考的指标，通过情境设计可以假想用户在产品使用中的反应，验证用户与设计方案的互动。

设计师根据头脑风暴产生的创意思路，探索新的产品使用方式，体会用户与产品的交互过程，编制用户的使用情境。一个典型的情境构建需要描述人们可能会如何使用所设计的产品或者服务。设计师将设定的多种人物角色放置进情境中，论证真正的潜在需求。构建情境原型可以通过图片或者是动态的影像记录，比较常用的简便方法是直接通过文字表述，记录关键点。情境原型有利于企业中各个部门对于设计概念的理解，并对各个环节提出建议。

通过构建情境原型，可以为设计师提供一个快速有效的方法来设想设计概念的发生环境。在情境设计的过程中，对前期形成的创意进行筛选和深化，形成较为完善的设计解决方案。(图 4-27)

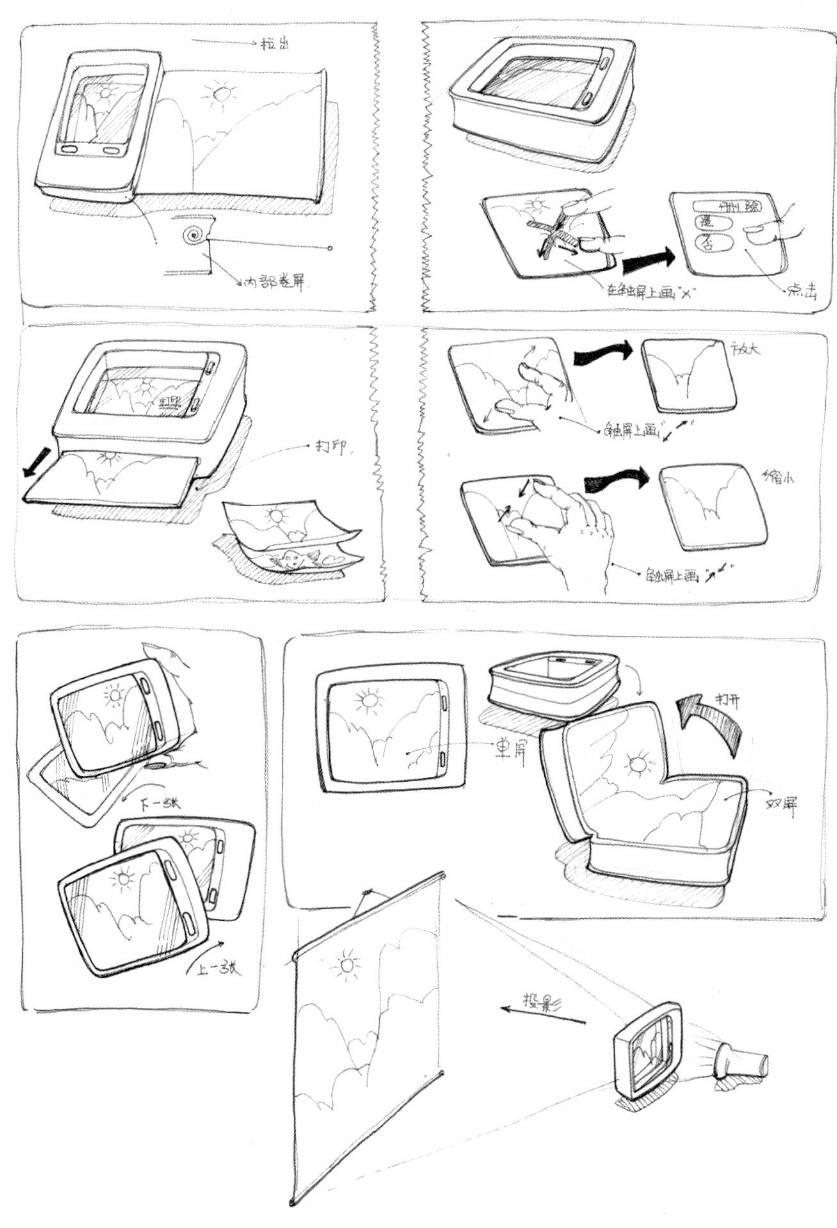

图4－27　四川美院06级工业设计学生袁齐利针对"老年人数码相机设计"进行情境设计。(指导教师：蒋金辰)

7. **故事板（Story board）**

故事板是来自电影与广告的一种原型构建技术，多用图像表达，可以为设计师讲解一个故事或者服务。

设计师根据情境设计内容，找出产品使用方式的细节，结合单个场景图、文字描述等方式，编写故事板。在故事板的制作中，部分细节被放大，强调设计方向的重点。故事板对于细节的展示比较明确，所以往往还可以充当对于一个复杂过程或功能的图像化说明。(图 4-28、图 4-29)

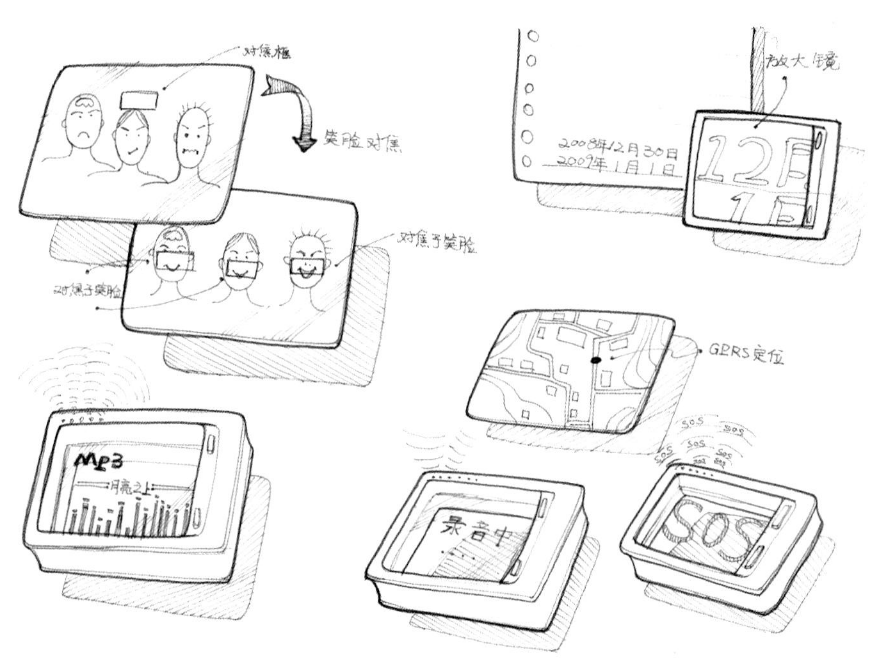

图 4-28

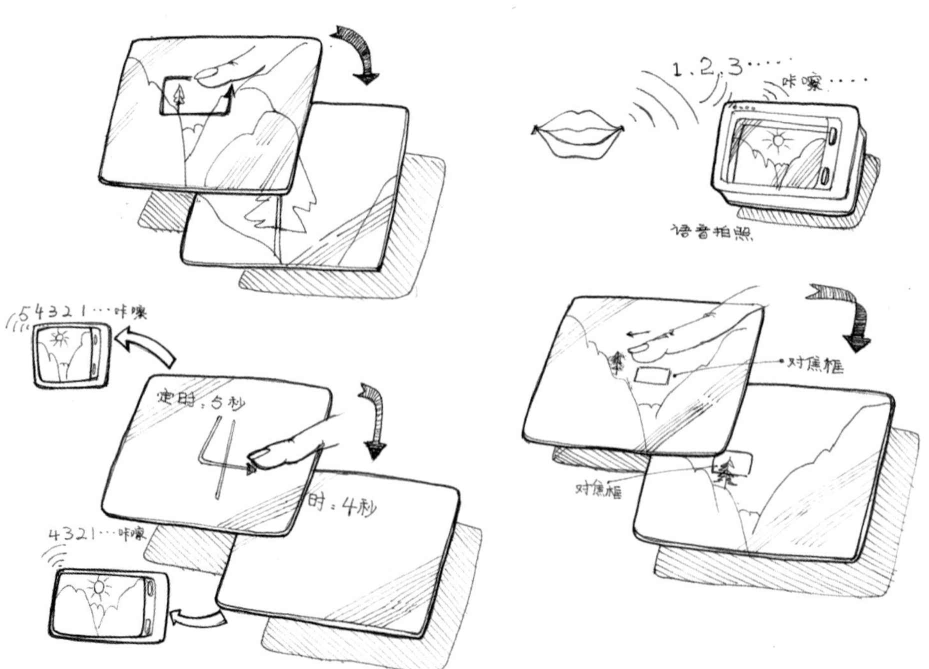

图 4-29　四川美院 06 级工业设计学生袁齐利针对“老年人数码相机设计”制作故事板。（指导教师：蒋金辰）

8.原型设计（Design Concept）

整理出产品的使用方式和操作步骤，形成人和产品交互的框架图。在制作框架图的过程中，综合考虑各个方面可能出现的问题，加强对设计创意的整体认知。(图 4–30)

图 4–30　四川美院 06 级工业设计学生袁齐利“老年人数码相机设计”效果图。(指导教师：蒋金辰)

9. 用户测试（User test）

根据前面形成的原型设计，对用户进行再次访问，征求用户意见，获取多方面的反馈信息，完善设计构思。用户通过这个环节直接参与设计过程，实现“设计中评价”，为接下来的具体设计作准备。

三、构建“观感与趣味”

“观感与趣味”是建立感性需求的原型，包括视觉、触觉以及使用上的体验等。通过感性的原型构建，设计师可以更深入的认识目标人群，发掘潜在的感性需求，补充在“情境与角色”原型构建中容易遗漏的要素。

“情境与角色”原型可以帮助设计师明确产品的功能及使用方式，“观感与趣味”原型则可以为设计的进一步视觉化进行指导，包括产品的形态、颜色、质感等。

基于“观感与趣味”原型构建的方法：

1. 生活模式图（Life–style Boards）

通过“情境与角色”的原型构建，能够形成产品的使用功能、方式等要素。通过生活模式图，可以加深对于角色的感性认知。设计师将感性认知转化为文字符号，帮助设计概念的视觉化。对于确认产品的整体形象、外观、细节、色彩、材质等方面，需要用生活模式图来综合判断角色的喜好或是潜在的需求。

生活模式图制作步骤：

(1)选择制作生活模式图的角色。角色可以是虚拟的，可以是用户访问中的某个特征角色，可以是两个或三个用户的集合；

(2)确认角色的基本概况。角色的照片、年龄、职业、收入等；

(3)收集角色的生活片断、日常爱好、随身产品、家用电器等图片，整理到一张 A2 页面上；

(4)设计师根据视觉感受，获取 3–5 个能概括角色喜好的或是感兴趣的关键词，关键词的选择尽量避免一些模棱两可的词汇：如大众的、个性的。(图 4–31)

图 4–31　四川美院 06 级工业设计学生袁齐利小组针对“老年人数码相机设计”制作的生活模式图。(指导教师：蒋金辰、彭科星)

2. 情绪板（Mood boards）

情绪板，也叫氛围图，是指对要设计的产品以及相关主题方向、色彩、图片、影像或其他材料的收集，从而引起某些情绪反应，以此作为设计方向或者是形式的参考。在设计中，Mood Boards是被广为运用的一种简单、快速并且有效的基础辅助工具。情绪板的应用范围很广，它可以用于界面设计、网页设计、品牌设计、电影设计、脚本设计、电玩游戏制作，甚至是市场营销、室内设计等方面。

不同的设计带有其独有的气氛或感觉，情绪板把潜在市场或潜在产品使用环境的气氛相关的图片拼贴起来，把这些难以用文字形容的感觉形象化，使产品外观设计有所依据。把mood board当成一个搜集想法的工具，可以是设计小组的日常练习，也可召集整个制作团队一起参与，当然，设计师也可独立制作，当成创意发散的参考。

从设计师角度来看，情绪板可以帮助我们在早期发掘产品的个性，降低后期设计工作成本。建立产品的色彩规范及图像风格，从而减少重复性设计工作。情绪板也可以与角色构建结合，全面了解产品个性。

从商业的角度来看，通过不同职位的工作团队成员共同制作情绪板，可以与产品各部门达成一致的视觉体验共识，这样也就避免了设计过程中的一些主观因素并且能够有效的理解和传达客观的产品个性。

情绪板的制作一般分为两个步骤：

(1)获取关键词

在生活模式图中，设计师总结出角色的生活喜好或是个性特征，在情绪板中，这些文字就成为关键词。关键词通常在3–5个之间，注意区分关键词的重要性。

如果是其他设计行业，比如网页设计，假设要设计一个关于女性的频道，情绪板的关键词是由参加情绪板制作的团队确认。这组关键词可以根据“女性”这个主题设定为：可爱的、温柔的，时尚的，性感的，等等。注意每个关键词占这组关键词的比例。比如，初期定位是一个年轻女性的频道，那么“可爱的”这个关键词所占这组关键词的比例就要高。

(2)匹配视觉符号

将符合关键词要求的图片从杂志或网络中收集起来。然后把图片整理到一张A2大小的页面上。注意每个关键词所占比例不同，寻找的图片数量也不相同。简单来说，Mood Boards就是一种综合想象、快照和映象的抽象拼贴画。(图4–32)

图4－32　四川美院06级工业设计学生袁齐利小组针对“老年人数码相机设计”制作的情绪板。(指导教师：蒋金辰、彭科星)

情绪板制作完毕后，设计师去感受这些图片的各种元素，包括形态、色彩、质感等方面，发现它们共有的一些规律，比如形态特征、形式感、主要配色等等，这些规律将成为对设计师感性思维的引导。部分设计师喜欢制作巨大幅面的情绪板以方便悬挂，从而在日常的审视中获得设计灵感。随着数字媒体技术的发展，情绪板的素材已不局限于图片，将动画、电影等多媒体资料作为情绪板的新媒介，能获得更多角度的灵感。

3. 概念视觉化（Visualize）

在设计概念形成以后，设计由对理念、方式的探讨转变为对外在视觉元素的考虑。例如“商务型手机”，体现的是“商务”概念，概念的视觉化过程就是进一步确认“商务型”的形态、质感、材料、色彩、细节处理等方面，视觉化的过程就是手绘草图——电脑效果图——模型的渐进过程。

“情绪板”是设计师基于对用户的感性认知，获取设计灵感的方法。在设计概念视觉化的过程中，也可采用较为理性的方法，统一设计师与用户的形象语意。例如：设计师心中的“商务型”＝用户心中的“商务型”？

实现语意的准确转换，需要以下几个步骤：

(1)设计师确认15个关键词，包含情绪板的关键词；

(2)设计师选出3种跟设计项目相关的产品种类，比如设计笔记本电脑，可选择MP3、手机、数码相机等与移动数码相关的产品种类。4个种类中，各选择能代表15个关键词的产品图片，共计60张图片；(图4－33)

图4－33　四川美院06级工业设计学生袁齐利小组针对“老年人数码相机设计”进行概念视觉化，图中是4个种类中的1种。(指导教师：蒋金辰)

(3)用户问卷，让用户在每个产品种类中选择喜欢的三款产品，或是让用户选择哪三款产品最能代表“商务”。注意问卷上仅出现图片，不要出现关键词；

(4)整理问卷结果，统计3-5种用户选择次数最多的图片所对应的关键词；(图4-34)

(5)总结被选中产品的形态、色彩、表面处理方式、细节等特征。(图4-35)

由此方法，可将设计师与用户对产品的认知统一，指导后期的设计过程。

图4－34　获取三个选择频率最高的关键词

图4－35

第三节 突破式创新与渐进式创新

原型的构建和前瞻性研究是造就突破式创新的必要条件，而保证这种研究成功的前提条件，就是设计师必须要勇于挑战人们长期以来的习惯，跳出技术、功能指标、结构形式的束缚，回归到“用户”原点上，持续研究用户最需要什么，而不仅仅是关注运算速度能有多快。

虽然突破式创新的意义非凡，但在现代企业的创新战略中，它与渐进式创新都是不可或缺的。一次突破式创新的成功，就标志着渐进式创新的开始，只有把这两种创新结合起来，让它们相辅相成，才能充分挖掘出创意的价值，以获取持续的竞争力。（图 4—36、图 4—37）

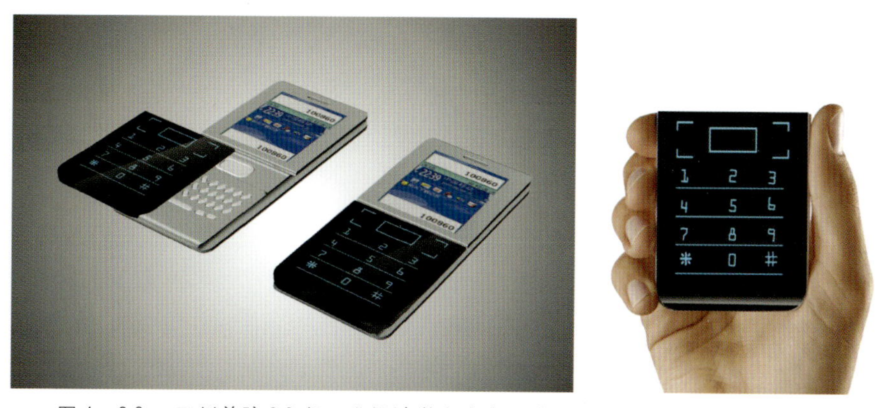

图 4－36　四川美院 06 级工业设计学生陈建明“大学生手机设计”（指导教师：蒋金辰）

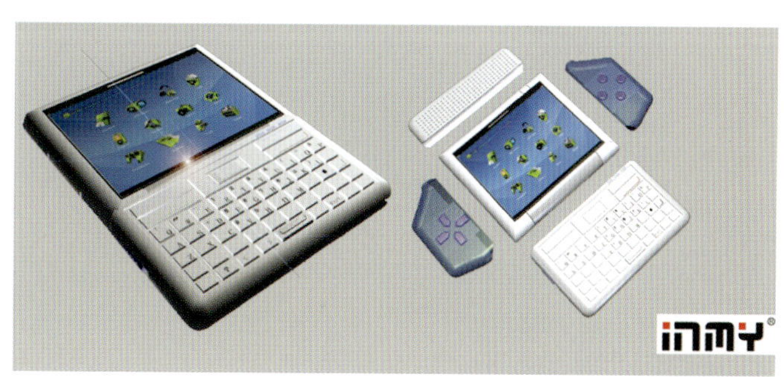

图 4－37　四川美院 06 级工业设计学生肖秋“大学生手机设计”（指导教师：蒋金辰）

后　记

本书完稿多有波折，一方面忙于教学和设计，另一方面深感自己面对的是一个深而广的选题，一直不能进入到最佳写作状态。承蒙四川美术学院余强教授、段胜峰副教授以及其他来自多方面的支持和鼓励，才使我们有毅力坚持下来。

《产品设计程序与方法》在编写过程中，由重庆工商大学皮永生、四川美术学院蒋金辰确定了本书的框架、大纲。第一章、第三章由皮永生编写，第二章、第四章由蒋金辰编写。

感谢四川美术学院工业设计和重庆工商大学工业设计的学生为本书提供部分图片和资料，感谢彭科星女士在书稿语言文字上的润色，也感谢家人的容忍。

特别说明，由于种种原因，书中列举的设计资料及图片难于准确注明每位设计者，在此深表歉意，并表示最真诚的感谢！

限于篇幅和知识的局限，使得本书有各种不足之处，诚请广大读者批评指正。

主要参考文献：

柳冠中.《工业设计学概论》哈尔滨：黑龙江科学技术出版社，1997年
吴　翔.《产品系统设计》北京：中国轻工业出版社，2002年
何晓佑.《产品设计程序与方法》北京：中国轻工业出版社，2003年
张凌浩.《下一个产品》南京：江苏美术出版社，2008年
孙颖莹　傅晓云.《设计的展开》北京：中国建筑工业出版社，2005年
飞利浦设计集团.《飞利浦设计实践》北京：北京理工大学出版社，2002年
李世国.《体验与挑战》南京：江苏美术出版社，2008年
《产品设计》艺术与设计杂志社等期刊